交渉の武器　交渉プロフェッショナルの 20 原則

交涉的武器

20個專業級的談判原則

The Weapons of Negotiation

萊恩・格斯登 Ryan Goldstein —— 著　　游心薇 —— 譯

辣腕交涉高手從不外流，
精準談判的最強奧義，首度大公開！

別因畏懼而談判，
但絕不畏懼談判。
——約翰・甘迺迪

Let us never negotiate out of fear.
But let us never fear to negotiate.
——John F. Kennedy

目錄

第2章 即使弱小，也能反敗為勝的談判戰略

第3章

推薦序

超級業務和辣腕律師的共通點：懂交涉就夠

賣車女王／陳茹芬（娜娜）

律師和業務員，這兩種看起來距離很遠的工作，其實有滿多共通點：第一，我們都是「人」的行業，執業時都包含了理性說明和感性影響；第二，都是靠講話賺錢的；第三，都要用心找出產品或服務的特點去打動別人。這本《交涉的武器：20個專業級的談判原則》越讀越有意思，很多地方讓我很有共鳴，也分享一些經驗。

其中「講話越不像律師越好」、「盡可能使用簡單易懂的字眼」、「盡情做自己」都提醒不要掉到別人的框框裡，做最好的自己，才有機會發揮最大力量。以我自己來說，汽車和法律一樣有非常多專有名詞，但我在商談時，除了車子的C.C.數（排氣量）和價錢以外，**我幾乎不會提到別的數字**，比方馬力幾匹、扭力多少等。事實上，我連長寬高都記不清楚，常被笑說怎麼做汽車業務，連這些基本都不懂。

我說我不用懂規格，「懂人」就夠了。

但車子的規格還是得介紹。好比講高度，我會帶客人到車子旁邊，一邊聊天，一邊從車頂比到他身上，看是到肩膀還是到耳朵。也就是說，他回家以後，就能很輕易地比對車子能不能停進車庫。而且，做這個動作的時候，**想起我的機率遠超過生硬的資料**，還會拿這個故事去和朋友分享，**無形中又幫我打一次廣告**。

感性的力量非常非常大，作者萊恩・格斯登說「在情感面前，我們講再多道理都沒有用」這段，也是我銷售最大祕訣之一。**人做決策，不管外表多理性分析，真正主導的還是感覺**，從買房子、買車子到買手機，都是同一個道理。我因為善用感性共鳴，曾在電話上靠著「李敏鎬」三個字就賣掉一台車。

故事發生在月底結算業績前，一通陌生來電打來要比價。電話那頭是位講話很殺的大姊，直說：「有便宜就跟妳買，沒有就算了。」我沒有隨她的節奏起舞，跟她要了 LINE 帳號，禮貌地說先傳一張名片過去，藉此看到名字、大頭照，再想怎麼融化她。結果她的封面照是韓星李敏鎬，可想而知她也是「李太太」之一。回電時，我第一句話便說：「大嫂，原來妳也喜歡李敏鎬！」馬上換來一聲尖叫。我沒忘記任務，提醒還是講一下價錢，辦完成交手續後再聊。這時候她說：「都是自己人，OK啦～」成交後，她還把我加到李敏鎬群組，間接地又賣給更多「李太太們」。

律師、業務員這類「靠一張嘴」的，很容易給人不老實印象，然而能走長遠的絕大多數都是穩紮穩打型。這是因為**說一個謊就要編更多謊來圓**，講到後面自己都不知道哪個版本才是真的，**誠實反而最有效率**。例如，二十多年來我賣的車所有配件都只在公司裝，從沒在外廠裝過！很多人覺得不可思議，但是對我來說，第一，要對公司忠誠；第二，公司品質有保障、流程有紀錄。相比之下，**到外廠裝雖能賺價差**，但萬一發生瑕疵或糾紛，付出的商譽和時間成本，絕對高過那一點小錢。

書中還有提到如何**反過來利用對方「細節裡的欺瞞」**。這段很有趣，我也有類似經驗：某天中午，一通陌生電話打來公司，表示想買某款車，問我們能不能下午三點到中壢一趟。那時我在外面，接電話的是我的副所長，後來聯絡時，**我問副所長對方有「熱」（行話，熱切想買的意思）**嗎？副所長說有，但再追問，對方並沒有細問價錢、配備這些一般買車最關心的事。**我感覺客人在隱瞞什麼**，於是請副所長回電，說明我們人在中壢附近有順路，可不可以提前到一點半？對方答應了。

其實，從我們新莊營業所到中壢的地址，就算不塞車也要四、五十分鐘，那天我只花了二十一分鐘就趕到，正像書裡講的**「出其不意，攻其不備」**。這般奇襲加上我的無比戰鬥力，一小時就成交！成交後處理證件過程中，還親眼看到**客人打電話取消約談別組業務**，證明我的感覺是對的。若我沒在第一時間察覺這個細節，真的乖乖照原來約定的時間三點到，陪襯別人報價也只是剛好而已。

我常說「人生無處不業務」。不是賣東西才叫業務，凡是把想法賣給別人都可以叫業務。交涉也一樣，**不是坐在會議桌正經八百才叫做交涉，而是所有溝通協商都是交涉**。這本《交涉的武器：20 個專業級的談判原則》雖然講的是法律案例，不過其中道理用在生活上、工作上都通，是很實用的人際溝通好書，當你懂得交涉之道，在任何場合自然也就無往不利。誠摯推薦給大家。

（本文作者陳茹芬，暱稱娜娜。二〇一三年以年銷七〇三輛車；二〇一六年以月銷一〇二輛車，雙創臺灣汽車業界紀錄。自一九九七年入行至今，累計銷售超過八千五百輛車，並於二〇一九年榮獲和泰汽車頒發累計總銷量 NO. 1，為 TOYOTA 在臺第一人。著有暢銷書《賣車女王十倍勝的業務絕學》。）

推薦序
談判最高境界：沒有輸贏，只有雙贏

企業講師／王東明

生活與職場中隨處可見交涉的場合，舉凡面試新工作、離職、公司專案議價，就連鼓勵小朋友「考試考一百分、拿到全班第一名，我們就去迪士尼玩！」也是一種交涉。以下我舉一個過去在企業培訓課程上遇到的案例。

主角的名字是大衛，四十三歲，在科技業擔任業務主管。在企業培訓課程演練中，他的答案與反應總是比我預期來得還要好，令我印象深刻。更厲害的是，在高壓緊張的演練競賽中，他的腦子裡總是有不同的方案，使出絕招時總是表現得自然且不著痕跡，令我好奇大衛的背景。

在休息時間，我主動請益交流：「大衛，你很厲害耶！這些談判溝通的招數是怎麼來的？這絕對不是看書、進修就能練就的吧？而且整個交涉的過程氣氛融洽、跟其他組別演練時的霸道、氣焰囂張完全不同，你是怎麼做到的？」

「這跟我阿嬤有關。」大衛笑著對我說：「我小的時候，爸媽上班都很忙，就把我托付給鄉下的阿嬤帶。阿嬤當時在鄉下的菜市場擺攤，我每天跟阿嬤同進同出，和市場的客人長期接觸，發現阿嬤用自己的方式在建立彼此的信任關係。**每次不同的客人上門買菜，阿嬤都會用不同的方式賣給對方**，可能是價錢略有調整，或者多送些蔥蒜給對方。乍看之下好像是阿嬤吃虧，降低了售價，還多花了蔥蒜的成本。沒想到一個星期後，這位客人竟主動來找阿嬤談包月送菜到府，連隔壁攤的肉商、蛋商的商品也一併送上。老師，三十五年前還沒有宅配服務喔！我阿嬤沒讀過什麼書，國小都沒唸完，竟然可以從一把銅板價的青菜，談到社區團購！這種高超的街頭智慧，書本上不可能找到吧？」

事後大衛才明白，每一次顧客跟阿嬤閒聊，她都很本能地蒐集對方的情報，例如知道顧客家裡有三個孩子、最近要幫老公打理生意，沒有太多時間上市場買菜，卻還是得盡到當兩個孩子的媽、太太、媳婦的責任。由此看來，**早在阿嬤開口做生意前，她就已經了解對方真正的核心問題**，難怪無往不利。

大衛的這段經歷真的挺神奇的。一個市場這麼多人在賣菜，對方卻專門只跟大衛阿嬤買，而且買賣過程還這麼愉快。就在從小耳濡目染之下，大衛學會了這套阿嬤的交涉心法，讓他在任何商業溝通、談判上，都被對方視為可敬的對手。

此外，阿嬤還給了大衛一個正確觀念：**交涉時不要讓對方不舒服、感到吃虧，而是要讓對方覺得彼此都有好處！**直到現在，在跟客戶廠商談判的過程中，大衛都一定是朝著雙贏的方向邁進；有時候看起來是自己輸給對方，然而一旦把角度拉高、視野放遠一點來看，或許雙方都是真正的贏家。換句話說，談判的最高境界，正是那句老話「沒有輸贏，只有雙贏」。

除了市場賣菜的故事之外，談判也可以用牌桌上的賭局來比喻。值得注意的是，**握有一手爛牌的人，不見得會打輸這局**。只要懂得在出牌之前，先理出現有牌陣（資源）與底線；並試著打探對手握有的資源，就很有可能使結局逆轉勝。

我覺得最有趣的是，儘管交涉本身就是一場輸與贏的鬥爭，本書作者萊恩．格斯登律師卻不鼓勵這種火藥味濃厚的談判氛圍，而是**以「不戰而勝」為最高指導原則，讓雙方共同創造雙贏**。他的這本《交涉的武器：20個專業級的談判原則》，列舉了許多國際商業交涉的案例，更拆解了美國總統川普以強勢手段讓對手不安、自亂陣腳的心理戰原理。透過辣腕律師的深刻觀察，習得許多獨到且犀利的觀點，相當值得閱讀！

（本文作者王東明為企業講師，授課風格理論實務兼具，擅長以「打造個人魅力說話」、「說中點、講重點」、「講師舞臺魅力」的溝通主題，講述口語表達專業。上課採詼諧幽默方式，傳授如何透過說話展現個人魅力、品牌行銷，提升自信、累積成就感、說故事包裝、商品銷售及聆聽等技巧。）

前言
來自「全世界最令人畏懼的律師事務所」的談判技術

各位好，我是萊恩・格斯登，美國芝加哥土生土長的律師。

剛在美國取得律師執照時，我便經常往來日本，直到二〇一〇年才正式在日本定居。目前我任職於昆鷹律師事務所（Quinn Emanuel Urquhart & Sullivan, LLP），敝公司過去曾四度獲選為「全世界最令人畏懼的四家律師事務所」，我則是擔任東京辦公室的總負責人。

在先前備受全世界矚目的蘋果與三星專利訴訟案中，我以三星代理人之一的身分共同參與其中。此外，我也出任NTTDoCoMo、三菱電機、日本東麗（Toray）、日本丸紅、日本電氣（NEC）、精工愛普生、理光、佳能、尼康、圓谷製作（Tsuburaya Productions）等知名企業，以及一般中小型企業的談判負責人，代表各家日本公司對外國企業進行交涉、訴訟等工作。身為日本企業的夥伴，為喜愛的日本貢獻己力，是我擔任律師最重要的任務。

最初會對日本感興趣，是在我讀大學的時候。一九八九年我進入達特茅斯學院（Dartmouth College），當時美國對日本出現嚴重的貿易赤字（入超），為此，美國議會強烈要求政府對日本施加強硬手段，諸如此類的反日情緒不斷高漲。加上當時的日本正是泡沫經濟的巔峰期，資金雄厚的日本大企業收購了紐約的重要地標洛克斐勒中心[1]（Rockefeller Center），無疑是在美國人的反日情緒上火上加油。

但是，看著美國媒體沒日沒夜地播放各種指責、霸凌日本的報導，我心中反而產生了疑問。原因是包括我在內的**大部分美國人其實都不了解日本**，直到高中畢業前都沒有機會研讀日本歷史。在美國的世界史課程中，只有從美索不達米亞文明開始，一路學習到埃及、希臘、羅馬、歐洲、以及美國的歷史而已。彼此明明就是二戰時太平洋戰爭中的對手國，竟毫無機會學習日本的一切。

當時我想，大家只知一味謾罵，卻完全不熟悉日本這個國家，真的公平嗎？

於是我開始好奇「日本到底是什麼樣的國家呢？」現在回想起來，我之所以會如此將心比心，可能要追溯到我的家族歷史。

我的祖先是有波蘭血統的猶太民族。到我祖父這一代為止所居住的村落，目前在地圖上已不存在，早在一九〇〇年代初期發生的「猶太人大屠殺」事件中，便被焚毀成灰燼。祖父勉強保住了一條命，一九一〇年間逃難到美國後，便以少數民族的身分存活下來。也許就是因為如此，我才會對於被霸凌的日本如此感同身受。

為什麼身為美國人的我，選擇留在日本工作？

因為家族歷史的關係，我開始對日本產生興趣，並在大學選修了日本歷史的課程。透過這堂課也更加深我對日本的好奇心。

最吸引我的是，日本人從古至今創造出來的高超智慧。例如「參勤交代制」

1 一九八九年十月，日本泡沫經濟達到頂點，三菱地所（Mitsubishi Estate）以八．四六億美圓（以當時匯率，約合一千一百多億日圓）的價格購買了洛克斐勒中心的擁有者洛克菲勒集團（Rockefeller Group）五一％的股權，取得了洛克斐勒中心的控制權，成為日本當年海外投資的經典案例。

（編按：類似現代的單身赴任制），就是德川幕府為了防止藩主舉兵叛變，不讓將軍有機會發動革命，而制定出的縝密合理制度。參勤交代實現了幕府統治期間的長治久安，也在世界歷史上留下了特殊紀錄。如此有深度的智慧讓我相當感動。

到了最後，光是藉由課程或是書籍資料理解日本，已無法滿足我的求知欲，大學三年級時我決定去日本金澤家庭寄宿。那次的旅日經驗決定了我往後的人生。

我和寄宿家庭的家人們建立了非常良好的友誼，其他的日本朋友也都對我非常親切。可能當時住在金澤的外國人不多，偶爾迷路時總會有人出聲提供協助，甚至親自領著我前往目的地。

如此溫柔的感受，對我來說是前所未有的經驗。我切身感受到日本的人情味，開始有「想在日本生活」、「想替日本人工作」的想法。

從達特茅斯學院畢業之後，我選擇到早稻田大學研究所留學；兩年之後，我進入哈佛大學法學研究所。後續，**我在加州取得律師執照，並以哈佛大學前五%的成績獲選為美國聯邦法院的法官輔佐助理**，最後，我進入了昆鷹律師事務所。

當時的昆鷹律師事務所並未與任何日本企業往來，我主動提出「想為日本公司辯護」，並開始往來於日本和美國之間，慢慢地累積日本客戶。

終於，我在二〇〇七年正式創立昆鷹律師事務所的東京辦公室，並擔任總負責人一職。在那之後，我貫徹自己的信念，多年來付出全力為日本企業工作。當然，我今後也打算在日本度過這一生，希望貢獻自身的微薄之力，來守護日本的美好。

一味追求和諧理想，你就不可能贏得談判

我之所以著手寫這本書，是因為日本人實在太溫柔了，總是忍不住為站在眼前的對象著想。就我的觀察，大部分日本人都不喜歡爭吵，只希望和平地把事情解決就好。這的確是美德，也是我敬愛日本人的理由。但因為追求和諧理想而導致談判失敗的例子真的很多。

日本企業大多持有優良的技術，人們也是抱持著誠實勤勉的態度做生意。但是國際商場的強者們，就是吃定日本人溫和又體貼的個性。許多個人或是公司行號便故意設下陷阱，讓不愛爭吵的日本企業成了遭訴訟的對象。結果正當經營的日本企

業利益便因此受損，眼見這種不公平的狀況，我實在無法坐視不管。

我非常看不慣那些想利用日本人溫柔天性的惡劣行為，然而想改變對方往往都很困難，絕不是稍微指點一下就會改善。既然已經知道交涉對象是這樣的態度，那就只能**加強我方的談判能力了**。

我身為與世界級強敵多次斡旋、身經百戰的專業律師，早已學到了「如何在談判桌上取得優勢」的各項原則。基於對日本的熱愛與感激，我決定將這些心得整理成可供大家口耳相傳的書籍，藉此分享給更多商務人士。

至於書名《交涉的武器》其實頗聳動，但這也是有原因的。

近年來在談判學的研究中，主要都是針對如何在談判當事人之間來回協調，**讓彼此都能在獲利的情況下達成協議**。的確，雙方若抱持著同樣的想法，這樣的談判便很有機會取得共識。

不過，很遺憾的是，這樣的想法仍舊**太過理想化**。對於看過國際商場中最殘酷的談判現場的我來說，我可以很坦白地告訴大家，這只是個**虛偽的想像**罷了。

所謂談判，基本上就是當事人之間發生利害衝突時所展開的行為；只要雙方彼此站在對立面，**這就是一場鬥爭**。

當然，若只是毫無理由地為戰而戰，最終只會兩敗俱傷，因此「以和平解決為目標」的心態絕不可少。只是，雖然這麼說，交涉也不必非得走到彼此鬥爭的地步不可。有句話叫做**不戰而勝**，雙方雖然和平解決了對立，**但最終目的仍是「讓一切都按照我的計畫走」**（對我而言這才叫做勝利）。而為了在談判的鬥爭中取得勝利，就非得掌握必勝的武器不可，為此，我將本書取名為《交涉的武器》。

完美的交涉技術，是你不戰而勝的必備武器

話說回來，本書絕不是要鼓勵各位營造出火藥味濃厚的談判氣氛。**各種交涉雖然無法避免，但能夠做到「不戰而勝」永遠是最理想的狀況**。而為了不戰而勝，各位一定要記得談判本身就是一場鬥爭，必須冷靜地準備各項措施。若是期待對方的善意或是品行而疏於備戰，恐怕就得苦吞對手開出的不利條件；**唯有做好應戰的充足準備，才有機會開拓和平解決之道**。

此外，交涉兩個字雖然說得簡單，但其實涵蓋範圍相當廣泛。從職場到日常生活中的各種討論、商務人士跑業務或簽約時的斡旋、甚至因商業糾紛導致訴訟案件的大型談判等，各種輕重緩急的狀況不一而足。依照交涉狀況的差異，各位在進行談判時的姿態與解決方法也不一樣。儘管如此，**各種交涉場合之間仍有許多共通的基本原則**。本書就是希望能將這樣的基本原則介紹給大家，並藉此立於不敗之地。

當然，撰寫本書時，我仍是個四十多歲的生澀律師，想完全了解交涉這門深奧的學問還言之過早。為此，我很期待能聽到讀者們直率的意見和批評，希望和大家一同打造出更強大的交涉武器；更期望不論公司企業或商務人士，都能堅強地在這個競爭日益激烈的世界中存活下來。

第1章

「雙方合意」不是談判的最終目標，而是「讓一切按照我的計畫走」

01

交涉的目的並不是「雙方達成協議」

——所謂交涉，是「讓一切都按照我的計畫走」的必要手段

交涉（Negotiation，或譯談判）究竟是什麼？

在本書的一開始，我們先來搞懂這個詞的基本定義。樹根若是不牢固，樹木就容易倒塌，交涉也是同樣的道理。若只學會如枝葉般脆弱的皮毛，但基本功根本不夠力，坐上談判桌就很容易被對手影響而動搖，最後只得苦吞不利自己的結果。

為此，大家不妨認真了解一下，「交涉」一詞在字典上的解釋為何。全世界最具權威的英語字典《牛津英語字典》（*Oxford English Dictionary*）裡，Negotiation的註解是這樣的：「Discussion aimed at reaching an agreement」。譯成中文就是「**為了達成協議而進行討論**」，或是「**跟對方協商以解決問題**」。

應該不會有人會對上述解釋有異議吧？眾人坐上談判桌，為的就是透過討論以調整彼此的利害多寡，最終取得雙方當事人的共識；彼此若沒有達成協議的共識，

談判便無法成立。換句話說，若彼此都堅持要對方接受自己的想法，這樣的談判一定馬上就會觸礁，也不符合交涉的定義。

交涉是場超級矛盾的競賽

然而，在實際的交涉現場，卻**存在著悖論**。

交涉是為了達成協議而進行的討論，**但真的把「達成協議」當成最終目的者，在談判中勢必陷入不利的局面**。這樣的人心裡想的大多是這樣：「看來對方完全不打算讓步，但為了達到協議，也只能由我方這邊讓步了。」

若你真的這樣做，**談判時的優勢只會一面倒向對方**，自己只能在不情願的狀況下達成協議——那這樣到底為什麼要進行交涉呢？況且只有自己單方面想達成協議，實在稱不上是真正的交涉。由此看來，雖然交涉的定義為「為了達成協議而進行討論」，但真的把達成協議設為目標的人，反而會因此陷入不利局面，無疑是一場超級矛盾的競賽。

千萬別為了達成協議而委曲求全

究竟為什麼會產生這樣的矛盾？我認為問題出在**大家對於交涉的定義不同**。

這並不是指《牛津英語字典》的解釋有誤，既然要交涉的話，彼此自然必須誠實地「進行討論以達成協議」。但是，這樣的定義**對於實際進行談判時的決策完全沒有任何幫助**，反而只會造成更多人向對方妥協、苦吞敗局而已。

為此，我個人是這樣定義交涉的。所謂交涉，是**「讓一切都按照我的計畫走」的必要手段**——應該沒有比此還要貼切的解釋了。

說到底，人們之所以交涉、談判，本來就是為了實現自己的目的。例如和房東議價房租，是為了想住在環境好又便宜的公寓套房。業務員和客戶討價還價，是希望以更好的價格賣出商品。又或者是大企業提出併購計畫，是為了替自家公司爭取更有利益的事業環境。上述各種大大小小的交涉，都是**為了達成自己的目的**，而和對方進行利害上的調整。

總而言之，談判的目的絕對不是雙方合意，而是必須「讓一切都按照我的計畫走」。若為了和對方達成協議而讓步、妥協，最終放棄最初的目的萬萬不可。

此外，這樣的認知當中具有重要的含義。當你已經以真誠的態度進行交涉，但最終下場卻是自己必須讓步、妥協才能取得雙方共識時，就應該選擇**讓談判破局**。判斷方法很簡單：拒絕委曲求全，**能夠讓你實現目的的結果就同意，否則就毅然選擇談判破局**，這才是談判的基本原則。

談判破局並不是交涉的終點

「毅然選擇談判破局」，應該很多人覺得這句話不太對吧？請容我解釋。談判破局不一定代表談判結束，換句話說，**談判破局並非交涉的終點**。實際上，**談判破局也是談判過程的一部分**。

以下請讓我介紹某位日本企業家的故事。這位人物是最先將某樣商品販售至東南亞、開拓市場通路的先驅。但當他的事業正式步上軌道後，另一位世界級的大資本家也開始投入這塊市場。在這之後，一場市場占有率的競爭便激烈地展開了。

大資本家展現了雄厚的財力，除了投入大量廣告之外，也展開低價攻勢。而這位原本奪得先機的日本企業家，則活用長年奠定下來的販賣通路基礎，使賣量發揮到最大效益。雖然被瓜分了一部分的客源，但他仍死守著市占率第一的寶座。然而，仍難逃被迫採取低價競爭的命運，整體事業也受到不小傷害。

於是，就在市場競爭陷入膠著時，大資本家主動向他提出**企業併購**。原因是「我倆再這樣低價競爭下去也只會兩敗俱傷，要不要和我合作？」這對陷入苦戰的日本企業家來說無疑是天降甘霖，當然樂於順水推舟，立刻答應了合併的提案。

在拿到你想要的東西之前，絕不妥協

然而，這場企業合併的交涉遠比想像中來得艱難。

最大的問題是合併後的**持股比例**。日本企業家認為「我的公司可是市場占有率第一名，所以一定要持有五一％的股份並握有主導權」，但大資本家也有面子上的考量，堅持「我最大的讓步是雙方五五分帳，以**對半持股**的條件進行合併」。

但若真的對半持股合併，當雙方的想法有出入時，彼此就會互不相讓，遲遲做不出決定（因為兩邊都無須聽從對方的指示），企業經營更會迷失方向。日本企業家認為「這絕對是最糟糕的選擇，若兩方都無法握有主導權，合併之後也無法順利經營。」因此他堅定地回絕了對半持股合併的提案。

這場交涉進行了一年以上，雙方還是互不相讓。最終，日本企業家**下定決心要繼續單獨經營，並宣告談判破局**。儘管藉由合併提高市場占有率，並終止低價競爭是最好的選擇，但對半持股合併是絕對行不通的。對日本企業家而言，這場交涉絕不可讓步的條件是「自己必須持股五一％」，若對方不願意，那便毅然選擇讓談判破局。換句話說，**在拿到你想要的東西之前，絕不妥協**。

故事還沒結束。

日本企業家堅持和大資本家抗爭，在低價競爭中苦撐，耗時多年後，仍一步一步地提升原本就位居龍頭的市占率。最後大資本家終於受不了：「再這樣拖下去，我們恐怕會被迫退出此市場。」總算感到存亡危機的大資本家，於是再次提出合併的建議，並答應讓日本企業家持有五一％的股份，這次的交涉很快就達成了協議。

交涉過程可能很長，隨時隨地擺出戰鬥姿態

大家覺得如何呢？

這下應該能夠理解為何「談判破局也是談判過程的一部分」了吧？日本企業家不願意讓步「持有五一%股份」的條件，所以刻意讓談判破局。而他這番破釜沉舟的抗爭結果，便是贏得自己希望的條件，讓一切都按照他的計畫走。

這其中最值得注意的是，日本企業家**從頭到尾都沒有以「雙方合意」為目標**，始終都是為了達到「讓自家事業能擺脫低價競爭、進一步提高市占率」這個結果。所以，當後續大資本家再次提出合併的建議時，一切都像是遲來的正義一般。但也是因為日本企業家願意持續抗爭，這樣的驚喜才會喜從天降。

這又讓我想起了十九世紀普魯士王國的軍人克勞塞維茲（Carl Philipp Gottfried Von Clausewitz）的古典作品《戰爭論》中的一段文字。

「戰爭不僅是一種政治行為，還是一種政治手段，也是政治交涉的持續，**透過另一種手段來持續政治交涉。**」

簡單來說，**交涉和戰爭都具有延伸性，任何談判最終都免不了得一較高下**。我認為這個說法最能確實指出核心。雖然商場和政治仍有本質上的不同，但單就「免不了得一較高下」這點來看，兩者其實是共通的。

交涉時，雙方都奉行著利己主義，並因利益衝突而彼此對立。為此，除了「交涉＝鬥爭」以外，似乎沒有更貼切的說法了。

談判時最重要的是必須有這個認知：**雙方合意絕對不是談判的目的；談判破局也不會是交涉的終點**。當然，交涉時也不是強硬地堅持自我主張就好，仍得表現出真誠且友善的態度，並顧慮對方的立場。我想提醒大家的是，在漫長的交涉過程中，**請隨時隨地提高警覺，絕對不可失去戰鬥姿態**，否則注定吞敗。

辣腕高手的交涉武器

1 交涉時，雙方都奉行著利己主義，並因利益衝突而彼此對立。但雙方合意絕對不是談判的目的；談判破局也不會是交涉的終點。

2 人們之所以交涉、談判，本來就是為了實現自己的目的。為此，「讓一切按照我的計畫走」才叫真正的勝利。

3 千萬別為了達成協議而委曲求全。判斷方式為：能夠讓你實現目的的結果就同意，否則就毅然選擇談判破局。

4 交涉和戰爭一樣具有延伸性，且任何談判最終都免不了得一較高下。為此，我們可以說「交涉＝鬥爭」。

5 在漫長的交涉過程中，請隨時隨地提高警覺，絕對不可失去戰鬥姿態，否則注定要吞下失敗的苦果。

02

不懂得「輸」的真諦，就永遠是交涉魯蛇

──達到最終目的，才是談判桌上的真正贏家

「都坐上談判桌了，當然要贏得這場談判！」

多數人交涉的目的都是為了獲勝吧？若是一開始就期待失敗的話，還需要坐上談判桌嗎？再者，如果耗費龐大心力努力交涉，最後卻是失敗收場，感覺實在不好受。所以，交涉的目的自然是要**取得勝利**。

可能很多人誤以為，交涉中的「獲勝」就是要把對方打倒。人類天生具有戰鬥的本能，在談判現場，受到彼此對立關係的刺激，會很自然地產生「非贏過對手不可」、「一定要打敗對方」的情緒。但這樣是很危險的，因為**無謂的攻擊只會讓對方的態度更強硬**、**招來更強烈的反抗**，如此一來，就更別想誘導對方讓步了。

前文也提過，真正的交涉，其實是為了**達成自己的目的**，**不是為了贏過對方、打倒對方**。換句話說，想要贏得這場談判，就必須設法達到自己的最終目的。

求勝不是錯，但一味求勝無異於自掘墳墓

由此看來，談判桌上最好對付的，反而是那些**一心只想打倒我們的對手**。

過去曾有這樣的案例。我因為工作上的一個小失誤，使合作對象碰到了一點麻煩。也許是因為這項和我一起進行的任務被迫延宕，導致公司內部出現問題，所以對方帶著他的主管一起來到我的辦公室。之後，為了讓主管理解誰才是造成問題的元凶，他單方面地指責我，絲毫不提自己的疏失。

聽他說完後，**我先為自己的失誤道歉**，並提出解決方法，同時也表達希望對方在工作程序上可以改善哪些部分。我的出發點是為了今後能夠合作得更順利，但顯然這點刺激到對方了。

他為了講贏我，**開始辯解**，但又因為不肯承認自己的錯誤，所以論點顯得過於薄弱。在這種不得已的情況下，我也提出反駁，結果他開始抓我語病、找藉口指責我。可想而知，他的說法漸漸顛三倒四、毫無邏輯可言。

說我不生氣是騙人的，只是**我始終保持沉穩的姿態**。因為此時過分逼迫對方的

話，很有可能被反咬一口，這就是成語「窮鼠齧貓」的道理。為此，我只是**平靜地點出他話中的矛盾**，他的主管也在一旁提醒他要冷靜溝通，對方才終於閉上嘴。

隔天，他的主管打電話給我，除了為自家員工無禮的行為道歉之外，也表示之後這個工作將改由他親自負責。

這名員工的行為無異於自掘墳墓。他一心只想講贏我，但是說法出現矛盾，反而讓原本應該是同一陣線的主管也開始產生不信任。如今他恐怕也後悔莫及，當時若好好專注於討論「該如何解決工作上的問題」就好了。

以主動認輸取得實質勝利，讓雙方都滿意

還有另外一個案例。我的客戶因為一點疏失，和某家企業發生糾紛。對方提出損害賠償，但最大的訴求是希望我的客戶道歉。看來是對方老闆想藉由客戶方道歉（也就是屈服），**來顯示自己的權威**，這才是他最大的目的。

我們不希望進入訴訟程序，並且想盡可能用較低的賠償金達成和解，而對方的

目的（要人道歉）正是可以拿來利用的關鍵。我代表客戶方，向對方說：「我的客戶願意賠償，但對他們來說，道歉是很嚴重的問題，我實在很難說服他們。」

我之所以故意表現出傾向支付賠償金的態度，其實是在**牽引對方往賠錢了事、別上法庭的方向而去**。他們也了解我們並不想進入訴訟程序，但若不讓老闆滿意的話，這場交涉很難和解。所以我估計對方的代表應該會問：「那麼，在什麼樣的狀況下，你們會願意道歉？」

果然正中下懷，對方確實這麼問了。

我接著提出：「如果貴公司能將賠償金壓低到這個數字，我便有自信說服客戶。」對方也承諾：「我會以這個條件來說服老闆。」談完後，雙方針對賠償金稍微討價還價了一下，但還是**比對方一開始要求的金額大幅降低不少**。就這樣，我如此簡單地達成客戶的請求——**不但賠償金額變少，唯一需要多做的就是道歉而已**。

當然，**道歉的行為等於認輸，但道歉不用花一毛錢**；能用這種零成本的支出，換來大幅降低賠償金的實質利益，就是所謂的「輸即是贏」。最棒的是，對方的老闆也達到了自己最想要的目的，大家不覺得這是場完美的交涉嗎？

一場被控侵害專利的訴訟，我這樣解套

我再舉另外一個例子。我有位客戶販售的商品，被另一家公司提出侵害專利的訴訟。對方要求我的客戶**停止販售商品，並且支付高額的損害賠償金**。這場交涉的狀況相當不利，因為我們沒有足夠的證據可以推翻侵害專利這一點。

於是我開始擬定策略，最後有了以下結論：就算被判定侵害專利，也絕對不能讓目前還在市場上流通的商品停止販售。交涉方針很明確，我會盡可能努力壓低損害賠償金，但眼前最重要的任務是**避免被判決禁止銷售**。

為什麼呢？因為一旦停賣，就等於宣判這項商品死刑。雖然損害賠償的打擊也不小，但只需要將這段時間內的部分收益支付給原告，還不至於造成客戶公司的致命傷，況且客戶本身也還有支付這筆款項的能力。

若是停賣市面上已經看不到的商品也就罷了，要是連正在流通的商品也被勒令不得銷售，客戶的**市場占有率將會一口氣被對手給奪走**，恐怕會造成無法挽回的局面。這可是攸關企業命脈的重要問題，我決定集中全力，避免這個狀況發生。

不過我方也有勝算。經過調查，這項商品的專利最少也有幾萬筆，而我們被指控侵害的連一小部分都不到。再者，這些專利其實並不影響消費者的購買行為，也就是說，就算真的侵害了那些專利，消費者也不會因此轉而選擇我們的商品；我們也搶不走對手的客人。如果在這樣的情況下還被要求停止販售，**等於是剝奪消費者選擇商品的權利**。只要站在這個立場上論辯，藉此減輕問題的嚴重性，就算我方被判定侵害專利，也有很大機會可以避免被勒令停售。

若想獲得真正的勝利，就不要拘泥表面上的輸贏

判決結果如何呢？我們最後被判定幾項專利侵害，需要支付高額的損害賠償金，但是不需要停止販售該商品。儘管多家媒體以「敗訴」大幅報導這件事，客戶這邊也付出極高的賠償，對企業造成不小的打擊。但是如同最初的策略，我們守住了最重要的目的：市場上流通的商品無須停止販售。換句話說，我透過「不逞強、甘願認輸」的做法，在最重要的問題點上獲得真正的勝利。

我必須再強調一次，交涉是為了「讓一切都按照我的計畫走」的必要手段。**只要能達到我們的目的，就算表面上看似敗北，也絕對是真正的勝利。**

反之，拘泥表面上的輸贏才是最危險的狀況。甚至可以說，不懂得「輸」的真諦，你就永遠是交涉魯蛇。如果我當初把目的放在打贏官司，恐怕就無法守住「讓商品持續販售」這道最後防線了。而正因為我們將所有的力量集中在遏止這個結果發生，才能贏得繼續銷售的勝利。

辣腕高手的交涉武器

1 交涉是為了達成自己的目的，不是為了贏過對方、打倒對方。想真正贏得這場談判，就必須設法達到自己的最終目的。

2 最好對付的，反而是一心只想打倒我們的對手，這樣的人破綻最多。

3 談判時若過分逼迫對方，很有可能被反咬一口；務必觀察對方情況，並保持沉穩、審慎回應。

4 故意表現出順應對方的態度，其實是為了達成我方目的。例如，順應對方的請求主動道歉，儘管表面上看起來是「認輸」，但道歉不用花你一毛錢。以這種零成本的方式換來「大幅度降低賠償金」的實質利益，就是所謂的「輸即是贏」。

5 只要能達到我們的目的，就算表面上看似敗北，也絕對是真正的勝利。反之，拘泥表面上的輸贏才是最危險的狀況。

03

情緒是把雙面刃

──情緒沒有好壞對錯，懂得善用就是高手

誠如前文所述，談判是「讓一切都按照我的計畫走」的必要手段，因此坐上談判桌時，最重要的就是**先確認你的目的為何、這場交涉是為了取得什麼樣的結果？**如果答案不明確，就無法決定談判時的策略。換句話說，確認自己目的是交涉的起點。這雖然是大家覺得理所當然的事，但要找到這個目的並沒有那麼簡單，因為人們往往會**受到情緒很大的影響**。

雙方交涉時，彼此發生利害衝突，大多數人很容易產生強烈的情緒。這樣的情緒會讓人**失去理性**、**弱化分析能力**。簡單來說，一旦你沉浸在負面情緒裡，就很容易忘記原本的目的。

最典型的例子是**離婚談判**。過去有不少認識的人私下找我商量，大概是長年累積的不滿終於爆發了。最常聽到的是：「只要可以拿到親權（編按：指父母親對於

未成年子女所應行使的權利以及應負擔的義務），**其他財產什麼的我都可以不要**，我只想趕快和對方分開。」就像這樣，「趕快和對方分開」反而變成了目的。

一旦被情緒牽著鼻子走，談判目的就會失焦

既然離婚已經無法避免，真正重要的，應該是要確保離婚後，可以和孩子幸福過日子的**經濟基礎**。若因為一時的情緒失控，而把「趕快分開」變成最優先的目的，那麼等到十年、二十年後一定會後悔。總而言之，關於贍養費或扶養費等金錢方面的問題，一定要認真和對方交涉。

此時我通常會先安撫客戶的情緒，然後提出問題：「如果你和孩子將來想安穩過日子了，什麼東西對你來說是最重要的？」、「若是雙方分開，孩子的扶養費要怎麼辦？」同時勸導他們冷靜思考。

這種情況在商場上也經常發生，尤其我身為律師，一天到晚都在解決牽扯上各種商務糾紛的案件。例如，因為合作的公司不履行合約而怒氣難消、因為被索討高

額賠償金而驚慌失措……各式各樣的狀況都有，大多是因強烈的情緒影響所致。

然而，這樣的情緒只會讓人忘記談判目的。例如，原本是要合作公司確實履行合約，卻在交涉現場過於憤怒，無謂地**提出懲罰性或報復性的要求**；對方的態度也因此轉為強硬，導致談判演變成更糟糕的狀況。

又或者是，被索討高額的損害賠償金時，應先確認該金額是否合理，再盡可能壓低，這才是談判的目的。但假如你因過於畏懼，談判目的就可能變成「只要情況不要惡化就好，這筆錢我們就乖乖拿出來吧」，反而**自己主動造成了不利局面**。

為此，我們可以說，人一旦被情緒牽著鼻子走，談判目的就會失焦。

有意識地覺察「我正在生氣」，化情緒為交涉動力

有鑑於此，大家千萬不能在情緒被影響的情況下進行談判。當然，身而為人，會有情緒在所難免，想要忽視自然產生的情緒是沒有意義的，**沒有人能在談判桌上百分之百冷靜**。相反地，我們都應該以正向的態度接受自然浮現的強烈情緒。

為什麼這麼說呢？因為**情緒本身並沒有好壞對錯之分，且是人們採取行動的原動力**。因為生氣，你得以在嚴苛的交涉環境下戰勝對手；因為害怕，你會預先做好萬全準備面對交涉。若從這個角度來看，**情緒也是交涉的武器**。

但情緒也是把雙面刃。在談判桌上被它左右時，可能就會如同前文說明的，害得你忘記原本的交涉目的，進而陷入不利的局面。所以我經常提醒自己，要站在理性的角度觀察情緒，並有意識地覺察「我正在生氣」、「我現在覺得很害怕」只要像這樣時時**客觀地自我審視**，就能化情緒為交涉的動力。

刻意什麼都不做，靜靜等待情緒過去

情緒上來時，你得刻意「什麼都不做」，唯一需要的就是**等待**。從某項心理學實驗得知，**人在憤怒時，情緒會瞬間達到頂點，接著又會隨著時間流逝而沉澱**，其他的情緒也是如此。當情緒到達頂點時，人是無法自我控制的；在那段期間，無論你想做任何判斷或行動，都有可能會忘記最重要的原始目的。

為此，在這段期間，我們只能避免所有反射性動作，等待情緒沉澱下來。以我的經驗，至少要**睡個一晚比較好**。很多時候，睡一覺醒來情緒就會冷靜許多。

話雖如此，引發情緒的原因若遲遲沒有解決，情緒是不會自己消失的。但只要能夠有意識地覺察「我正在生氣」、「我感到恐懼」，就能找回一些空間，好好思考下一步。所以在**覺察自己的情緒前，絕對不能在交涉場合上任意做出決定**。

可以找人聊聊，但別只找同溫層好友

等你冷靜下來之後，可以找個值得信賴的人聊聊，跟對方談談自己現在面臨的情況、心情又是如何，重新釐清整起事件。透過這樣的過程，情緒就會穩定不少。

但我仍建議，還請大家盡可能**別只找和自己同一個鼻孔出氣的人（意即處於同溫層的好朋友）**，和這些人商量的話，對方恐怕會跟著叫囂、附和，如此一來只會助長你的情緒。相較於此，你應該選擇能冷靜聽你敘述的人，也可以詢問對方意見，看看該怎麼處理比較好。雖然沒有人可以完全客觀地審視情況，但聽聽值得信賴的第三方的看法，會是你最佳的選擇。

總而言之，一旦自己的情緒高漲，只要按照**「先等待，再釐清」**的步驟，就能和情緒保持距離，冷靜下來思考。在完成上述步驟之前，絕對不可做出任何交涉決定。請務必在排除情緒之後，再來思考：「我這次的交涉目的是什麼？」、「為了達到這個目的，我該如何進行談判？」

辣腕高手的交涉武器

1 情緒也可以是交涉的武器，例如人會因為害怕，而在談判前預先做好萬全的準備；或是因為生氣而無論如何都要戰勝對手。

2 與其試著忽視、壓抑自然產生的情緒，不如以正向的態度接受它。你可以透過自我審視覺察情緒，並告訴自己：「我正在生氣」、「我現在覺得很害怕」隨時意識到自己的情緒狀態。

3 情緒一上來，就很容易讓人忘記原本的目的，所以在你有意識地覺察自己情緒前，千萬不能做出任何交涉決定。

4 當下有情緒時，「先等待，再釐清」，可幫助自己冷靜下來思考：「這次的交涉目的是什麼？」、「為了達到這個目的，我該如何進行談判？」

5 冷靜下來後，找個值得信賴的人聊聊、參考不同意見，建議盡量不要只找同溫層好友，否則只會助長你的情緒。

04

交涉第一步：事前決定談判破局的底線

——若你什麼都想要，最後就會被對手整碗端走

坐上談判桌時，最重要的是保持冷靜。若老是被憤怒或恐懼等情緒操控，就很有可能導致這場交涉往不如預期的方向發展。為此，大家一定要**擺脫情緒的控制並保持理性**。一邊冷靜觀察情況，一邊反覆思考自己是為了什麼目的進行交涉？以及藉由這場交涉，自己可以獲得什麼？

要人們**清楚說出交涉目的並不容易**。身為律師，面對那些登門求助的客戶，我都會詢問：「請問您這次交涉的目標是什麼？希望從中得到什麼？」但能夠給我明確答案的人少之又少。大部分的人都是說：「我覺得這個很重要……但那個也很重要……真傷腦筋。」**遲遲無法決定交涉方向**。

當然，交涉時，所有造成糾紛的問題一定都很重要，必須審慎以對。畢竟如果這些問題不重要，又怎麼會造成糾紛？由此看來，面對我的詢問，客戶們表現出猶

豫不決、無法做出抉擇，覺得什麼都很重要的態度，也是情理之中的事。

但這麼一來只會妨礙交涉開展。在談判桌上，你不能像小孩一樣任性地哭鬧：「我什麼都想要。」面對如此不理性的訴求，對手一定也會抗議，最後導致談判破局。此外，你一定也**不希望自己的慌張（因為怕得不到想要的、害怕談判破局而緊張）被人看穿，進而遭到利用**。若對方丟出這句：「只要你接受這些條件，我們就願意繼續交涉。」就完全演變成最糟糕的結果了。換句話說，這種「什麼都想要」的想法，只會讓對方有機可乘，最後整碗端走。

找出「絕不能讓步」和「讓步也沒關係」的事項

談判的過程中，**讓步**是不可或缺的一招。在彼此有利害衝突的狀況下，如果沒有任何一方願意讓步，雙方就不可能達成協議（但這並非交涉的最終目的）。倘若你是握有生死大權的超級強勢方，或許還可以單方面地不斷向對方施壓（但這就不叫交涉了）。而在一般情況的談判桌上，**彼此必須不斷打出「讓步牌」**，藉此找出雙方都能接受的**妥協點**。

為此，我們不能模稜兩可地想著「這個也很重要，那個也很重要」，而必須明確知道自己期望的**優先順序**。更重要的是，必須找出你「絕不能讓步」和「讓步也沒關係」的事項；為了保住這些「絕不能讓步」的項目，你得接著思考如何有效打出讓步牌，**使對手願意接受你那些「讓步也沒關係」的事項**，這是交涉的基本策略。

在交涉前，我們就必須先決定談判破局的底線。我的建議是，**把那些你非得拿到不可的重要事項列在紙上**，否則光是在腦袋中空想，肯定看不清各事項的優先順序。接著，請再從這些事項中，思考**會導致談判破局的是哪一個，以及絕不能讓步的界線要畫在哪裡，這條界線就是你的底線**。如此一來，情況應該就相當一目瞭然了，可藉此輕鬆整理出期望事項的優先順序。而在你畫出談判破局的底線之後，也能明確知道哪些事項可作為讓步牌使用。

以下用簡單的例子說明。假設你是一名SOHO族，某間企業想請你接個案子，但是交期很短（一個月）、預算較低（三十萬日圓，約新臺幣八萬四千元），所以你無法接受。因為你不想為了完成交期短的工作，而延遲了其他公司的包案。

除此之外，隨意答應報價較低的工作，對你在業界的行情也不是好事，後續甚至會影響到你整個接案人生的安排。像這種時候，談判破局的底線該應該畫在哪裡呢？

我的答案是，你應該**視個人當下的情況應對**。例如，你近期將會有一筆很大的開銷，在這種情況下，即使你再怎麼不想接這個案子，大概也由不得你選擇。換句話說，看在錢的份上，接下這個工作會比較好吧？但預算只有三十萬日圓恐怕也是賠本生意——**那麼，此時你的談判目的就是「設法提高預算」**。

當你找出了談判目的，談判破局的底線也就會跟著明確起來。你發現自己只要稍微調整其他工作的交期，這件案子應該就可以在**一個半月左右完成**；不過，若是考慮到市場行情，你希望最少也要有**四十萬日圓的報酬**。在這之後，你就可以把底線設定為交期一個半月、預算四十萬日圓。

此時的訣竅是，要**把交期當成你的籌碼，以利提高預算**。例如，故意先向委託人提高你的條件：「交期如果能延長為**兩個月**的話，我就來得及。」當對方說：「能不能幫忙再趕一下呢？」你再接著**假裝讓步**：「可能有點困難，不過我會試著調整看看。」接著再**多拋出一個有為對方著想的點，藉此讓提高預算的要求更容易**

說出口。例如，主動說明你知道自己若是拒絕這份工作，委託人恐怕也會很困擾（賣人情給對方，後段將說明）。如此一來，情況就非常有機會照你的計畫走。

主動提供各式選項，讓對方不自覺替你提高價碼

此外，**主動提供多一點選項，讓對方在做決定的過程中，不斷重組、選擇，不自覺地替你提高價碼**，也是相當有效的做法。例如，「如果把交期延長為兩個月的話，希望預算能是四十萬日圓」；「交期若是一個半月，我的預算則是五十萬日圓」。對方可能會回覆：「交期若是一個半月還有得商量，但要五十萬日圓有點困難。」不過這麼一來，他們也會知道若自己的開價低於四十萬，應該很難取得共識（因為你已經主動講出這個價碼了）。這時你就可以接著說：「那麼，**交期一個半月、預算四十五萬日圓，這是我的底線**。」如此就能把局勢導向對自己有利的方向（還比你原先預估的多出五萬日圓）。

如果對方開價還是低於四十萬日圓，你就**大方宣告談判破局**即可；但若對方因

此乖乖讓步，你就賺到了。此外，若對方無法妥協的是一個半月的交期，由於這是你協調了其他包案後好不容易擠出來的時間，屬於**不可抗拒的制約條件**，所以對方如果仍堅持說Ｎｏ，談判自然也只能宣告破局。

賣人情給對方，也可以是談判目的

我們再用其他情況模擬看看。

假如這位想要委託工作給你的外包案件負責人，長久以來一直很照顧你，這種時候又該怎麼辦呢？你真的不想接這份工作，但是也不想破壞和他之間的交情，何況對方又有求於你：「這件事真的有點棘手，希望你能幫幫忙。」若能把握這次機會**賣點人情**給他，對方之後說不定會把比較吃香的工作委託給你——**那麼，此時你的談判目的就要改為「加深人際關係」**。

為此，你談判破局的底線可以設定為交期一個半月。只是，當你答應對方時，記得一定要強調：「這本來不該是報酬三十萬日圓的工作，這次是因為你的關係，我才特別降價接案。」這麼簡單一句話，就能巧妙地以不經意的方式**施恩給對方**。

預先設想妥協條件，只會害你吃大虧

在交涉現場，談判破局的底線會**視情況改變**，但最重要的是，一定要看清楚自己所處的狀況，才能掌握交涉目的。為此，預先將「絕不能讓步」和「讓步也沒關係」的事項整理出來，就可以協助你找出談判破局的底線，有助你擬定策略，思考如何使用讓步牌來達成交涉目的。

與前述事項相對，同樣必須極力避免的是：**絕不事先預想你的妥協條件為何，否則只會吃大虧**。因為隨著對方每次的出招，**妥協點將出現意想不到的變化，你根本無從得知**。由於交涉不能在狀況不明朗的情況下進行，大家唯一能在事前決定的，就是談判破局的底線，並在死守著這個底線之餘，適時打出讓步牌。而如果你在這樣的過程中接到對方的招，並找到了適當的妥協點，就可同意對方開出的條件；反之，則可視狀況選擇讓談判破局。

辣腕高手的交涉武器

1 設定談判破局的底線時，與其在腦中空想，不如把重要事項列在紙上，藉此看清每個條件的優先順序。

2 列出重要事項之後，再從中區分「絕不能讓步」和「讓步也沒關係」的項目，其中絕不能讓步的事項即為你的談判底線，其餘的則可以作為讓步牌使用。

3 面對交期短、預算少的案子，建議把交期當作談判籌碼，藉此提高報酬；或是多提供一些選項給對方，讓他在自以為做決定的過程中不自覺地替你抬高價碼。

4 絕不事先預想妥協的條件，否則只有吃虧的份。因為妥協點的決定權並不在我們手上，而是隨著對方出的招數持續改變。

5 如果你在死守絕不讓步的底線時找到了適當的妥協點，就可欣然同意對方開出的條件；反之，則可視狀況選擇讓談判破局。

05

想贏，就得死守談判破局的底線
——最強王牌和出牌方式，缺一不可的致勝關鍵

延續前一節的話題，談判桌上的**最強王牌就是談判破局**。若以撲克牌來比喻，談判破局就如同鬼牌一樣，不論你打出什麼牌都無法贏過鬼牌，更會因為你無從得知對方何時會出鬼牌，必須戰戰兢兢地進行賽局；於此同時，你也會為了不讓對方使用這張王牌，而被迫在不得已的情況下不斷地讓步。換句話說，**手上沒有王牌的人，就會受制於他人**。

話雖如此，在撲克牌的賽局上，也不是只要握有好牌就一定會贏。假使你持有鬼牌，但**毫無策略只會亂出牌，終將無法獲勝**。交涉也是一樣的道理，談判破局這張王牌該怎麼使用，將會影響交涉的勝負。

那麼，這張王牌該如何使用才好？

談判破局的出牌方式，大致分成兩種。第一種是**正面攻擊法**，也就是誠心誠意

和對方溝通後，發現無論如何都無法達到自己目的時，那就打出這張最強王牌、使出最後通牒。讓對方知道自己絕不讓步的底線：「如果這個條件你們仍然不接受的話，那只能宣告談判破局了。」逼迫對方選擇Yes或No。

而在使出正面攻擊法時，最重要的是，你必須下定決心，告訴自己：「就算這場談判破局了也沒關係。」認真地做好心理準備，讓這場不利於己的交涉結束。為此，事先準備好談判破局時的後路是很重要的。

刻意不打出王牌，或「假裝握有王牌」以牽制對方

當然，下了最後通牒給頑強的對手之後，對方也許會因此屈服，但如果你一心只想著要逼對方退讓，貿然地使用了這張王牌，且沒有事先預備好談判破局的後路，這一切就會變得非常危險。例如，**對方聽完之後只淡淡地回應：「好的，我們這方就算交涉失敗也沒關係，就這麼辦吧。」**這樣一來，反而會變成你沒有後路可退。更糟糕的是，若你聽了對方這樣說之後立刻心慌意亂地放軟，改口說：「其實

我也不是這個意思。」他們就會看出你的弱點，進而更強硬地要求你讓步。

所以，或許我們應該這麼思考：交涉其實是**不斷試探對方何時會打出最終王牌的心理戰**；這同時也代表，只要還沒有打出這張牌，你就有牽制對方的能力。更高階的做法是，你根本不打算讓談判破局，**卻故意讓對方以為你握有這張王牌**。

總之，當你真的要打出談判破局的王牌時，務必做好絕不屈服的心理準備，不論對手多麼頑強也絕不退讓。談判時，對方一定會強烈捍衛自己的利益，越強的對手越是如此。為了不屈服，你必須下定決心：「只要對方越過這道底線，我就大膽宣告談判破局。」這就是使用最終王牌的原則。

對方獅子大開口，別直接跟他殺價

第二種使用談判破局王牌的方式，是**當對手虛張聲勢時，立刻使出這個絕招來嚇阻他**。

在談判桌上，對手經常會大放厥詞地嚇唬人。為了獲利更多，他們可能會抱著

「也許這局能讓我瞎貓碰上死耗子，隨便就矇上了」的心態，故意製造假象以求利益。你若是不疑有他地照單全收，絕對會造成損失。像這種時候，你必須在第一時間就打出談判破局的王牌，**瓦解對手的虛張聲勢**。

大家有在東南亞國家的路邊攤買過東西嗎？我自己的經驗是，商品上沒有任何標價，所以必須直接和店員交涉價格。當時有一位店員獅子大開口地報給我一個明顯不實的超高天價，但我不認為他這樣做有什麼不對，畢竟身為商人，想從有錢的觀光客身上多撈一點也不是不能理解。不過我也不想白白多花沒必要的錢。

此時的重點是，**不要直接跟對方殺價**。當報價遠遠超出原價時，有些人會直接在心裡打個七折左右就向店員殺價：「你這樣太貴了，這個價錢如何？」在這種狀況下，你**大概只能殺到八～九折**，而且正中店員下懷（意即就算給你殺到八折他還是有賺）。會有這樣的結果，問題出在我們根本不知道這個商品的市價是多少。

因此，碰到對方亂開價時，最好的方法就是從談判破局開始交涉。「開什麼玩笑啊！這麼貴誰要買？」你可以故意這樣大喊後，便轉身離開，大多數的店員都會「啊！請您稍等一下」並馬上拉住你，然後主動打個七折試探你。

但很有可能就算打了七折，對方仍能賺進相當大的利潤。為此，這時你得再搖搖頭，語帶不耐地表示：「算了，不用談了。」並再次假裝要離開。相信對方會再一次降價到一開始的**五折左右**。

綜合以上所述，在交涉場合中，一旦對方虛張聲勢，你至少要做到這個地步，否則無法駕馭整場談判。

事先打探行情，化劣勢為優勢

在規模更大的商業談判中也是同樣的道理。我曾經碰到一家日本公司被歐美企業提告損害賠償，仔細了解整個紛爭內容後，我研判客戶或許無法避免支付對方一定金額的損害賠償。接著我又調查了過去類似的案件，想知道若真的要進入交涉階段，需要拿出多少程度的賠償金才得以解決，而在我**將調查結果（市價或行情價）和客戶取得共識**之後，便和對方的代理人進行交涉。

這是一場對方處於優勢的談判，我在完全不知會被要求多少賠償金的情況下，戰戰兢兢地坐上談判桌。但一聽到對方律師開出的金額時，我不禁啞然失笑，因為那是相當過分的超高天價，很顯然是在虛張聲勢。

當然，這樣的情況也在我的預期內。儘管一般的律師都會刻意丟出**接近好球帶的壞球**（見第一七六頁），但他的壞球已明顯高過頭，是完全接不到的大暴投。由於律師的酬勞是按照賠償金額的比例來支付，我想他應該是想提高自己的報酬，才會如此煽動客戶，提出天價級的數字，真是愚蠢至極。

因為當下我忍不住笑了出來，對方頓時憤怒地站起來說：「你笑什麼？」我繼續帶著笑容，並**馬上打出談判破局的王牌**。「這個數字太誇張了，沒什麼好談的。如果你們一定要這個金額，那就法院見吧。」說完後，我們就離開了現場。

正因為我們已**事先調查過了類似案件的行情**，得以立即識破對方粗糙製造出的假象，他們的立場反而顯得難堪。如同我預期，過了幾天，對方的律師再次提出大幅降低後的賠償金額，這次的球準確投進了好球帶，於是我們再次坐上談判桌。

就像這樣，本來應該是對他們有利的交涉，卻因太過狂妄的虛張聲勢，反而讓我們取得了優勢。這場交涉的最終結果是，我方順利取得讓客戶滿意的協議。

辣腕高手的交涉武器

1 談判破局是交涉時的最強王牌，手上沒有王牌，就會受制於他人。

2 事前就要先做好談判破局的心理準備，並想好後路。否則對方只要稍微態度強硬一點，你就會心慌意亂地放軟，後續更會讓對方有機會看清你的弱點，更強硬地要求你讓步。

3 交涉是一場不斷試探對方何時會打出最終王牌的心理戰。而在打出這張王牌之前，你都有能力牽制對方。就算你根本不打算讓談判破局，也可以故意讓對方以為你握有這張王牌。

4 碰到對手虛張聲勢、胡亂開價時，千萬別直接殺價，否則只會正中對方下懷。你應該一開始就先讓談判破局，之後再展開交涉，讓對方主動降價求你買。

5 交涉前預先打聽過去類似的案例，查明行情和價錢，有利於你在談判現場做出判斷，甚至化劣勢為優勢。

第2章

即使弱小，也能反敗為勝的談判戰略

06

面對搞不定的對手，就用心理素質決勝負！

——交涉首重心理戰，你得備妥B方案

前文提過，交涉的第一步，必須決定談判破局的底線何在，然後在打出這張王牌之前做好心理準備，絕不退讓。然而，這樣的心理準備不是簡單在心裡想想就好，你同時還得認知「這是非常重要的一步」並妥善安排退路，**千萬不可孤注一擲**。別忘了，即使交涉是達成自己目的的必要手段，當談判真的破局（無論是否刻意為之），你還是得設法透過其他方式實現目的。

為此，坐上談判桌之前，你得**事先準備好兩個以上的備案**。面對談判破局時，就能更加游刃有餘地應戰。如此一來，再困難的談判，你都能冷靜應對。

第一章介紹過的日本企業家（見第三十四頁）就是個好例子。某家競爭激烈的同業，向企業家提出雙方合併的提案。當時這兩家企業已在低價競爭中傷痕累累，此時提出企業整併可說是再自然不過。然而若仔細分析整體局面，即使這家日本企

業已是市占率第一，但對方是世界級的大企業，所以無庸置疑地，這是一樁和強者對決的交涉。

於是，日本企業家**在交涉前便決定了許多重要事項**，包括談判破局的底線是「保有五一%的股份」等。此外，他連談判破局時的退路都準備好了，其中一個選項是繼續單打獨鬥、奮戰到最後；另一個選項則是另外找其他企業合併。

隨時備好方案B，對方再強勢都不怕

若選擇前者，免不了要面臨艱苦的商場競爭，但此企業家認為，只要發揮自家市占率第一的強項，還是有機會存活下來；至於後者，他也積極和幾間候補企業實際接觸，確認合作的可能性。也就是說，雖然和大企業家合併是最好的選擇，但他仍然**預先準備了第二、第三個備案，確保能夠達成自己目的之後才開始交涉**。

正因為如此，他可以非常有把握地和強勢方**對等談判**，而當對方堅決不退讓、不讓企業家握有五一%的股份時，他便毅然決然地打出談判破局這張王牌。

川普如何交涉對美國不利的《巴黎氣候協定》？

但從另一個角度來看，倘若這位日本企業家沒有事先做好準備，這場交涉對他恐怕會相當不利吧？**當我們和強者談判的時候，常常不自覺會被對方操控**。為什麼？因為強者很容易就能引起對手緊張不安。

美國總統川普（Donald John Trump）就是典型的例子。仔細觀察他的外交談判就知道，他一向是以絕對強勢的國家力量作為後盾，主打各種**讓對方自亂陣腳、陷入不安的策略**。例如二〇一七年六月，川普宣布美國退出延緩地球暖化的《巴黎氣候協定》，他認為地球暖化對策只是個騙局，並抗議這項協定對美國相當不公平。

也就是說，川普打出了談判破局這張王牌，此舉果然造成多國領袖驚慌失措。身為世界大國的美國如果脫離此協定，地球暖化對策恐怕只會淪為癡人說夢；眼看眾國一起繪製的未來藍圖即將崩壞，大家立刻惶惶不安了起來。

然而，川普並不是真的要脫離協定。他心裡比誰都清楚，**面對搞不定的對手，就用心理素質決勝負**。最有利的證據是，在他宣布美國退出後，即表示：「只要能夠修正協定中對美國不公平的內容，我們也是可以考慮重新加入《巴黎氣候協定》。」相關國家頓時鬆了口氣，同時開始思考雙方都能妥協的內容。

這是川普的慣用手法，意即**先發制人，讓對方感到不安，再把他們逼到緊繃狀態、引起混亂**。這不是單純的虛張聲勢，因為他確實擁有足以壓制他國的國家力量撐腰。就連二〇一八年起，打得如火如荼的中美貿易戰，也是採用這個手法。所以更準確地來說，他這是在**誇耀自己身為強者的事實**，大家應該不難看出，川普利用權威壓迫並支配對手的意圖。

面對這樣的壓迫而陷入混亂的對手為此相當惶恐：「大家努力至今的成果，會不會就此告吹了？」由於受壓迫的一方一心希望不要造成虧損，便傻傻地以「不造成虧損」為目的，再次擬定妥協方案；就在好不容易取得共識，以為可以鬆口氣（儘管稍微讓步了一些，但總比什麼都得不到好）時，冷靜下來思考才發現，自己似乎**又陷入比先前更不利的局面**。

這就是川普的交涉技巧：**先利用心理戰引發對方的不安和混亂，再徹底將交涉導向對自己有利的狀態**。

別在交涉不利時急著做決定

川普的這種談判手法引起不少批評，就連我個人也不是完全認同。但不得不說，在我目前看過的所有殘酷國際交涉現場裡，這樣的手段並非川普獨創，換句話說，**只要是強者，都非常愛用這樣的招數**。大家應該要先有這樣的認知，這些強人不可能不知道，自己只要運用權威施壓，就可以輕易支配對手，最後順利達成自己的要求。

這些強者看準的就是對方畏懼的心理：一旦他們施加壓力，我們就會感到不安和混亂，**並為此做出不合理的判斷，意即主動妥協、做出原本不需要的讓步**。大家千萬不能中計，無論再怎麼被威脅，都不可以在交涉失利的當下便反射性地做出決定，也不能失去冷靜的判斷力。

為此，在談判桌上，我們需要準備的不光是元氣滿滿的戰鬥力，而是**就算談判破局了（不論由哪一方提出），也能保有足以達成自己目的的備案**；談判過程中，更要時時確認此備案是否仍管用。這是和強者交涉時絕不可忘記的重要原則。

辣腕高手的交涉武器

1 交涉首重心理戰，你得備妥B方案。如此一來，就算談判破局也不必害怕，還能讓你更從容不迫地冷靜應戰。

2 面對搞不定的對手，就用心理素質決勝負。談判強者尤其愛用這招，因為他們握有絕對威權，足以令其餘對手害怕並被迫妥協。

3 身為世界強權的美國總統川普，就很習慣利用談判破局的王牌先發制人，讓對方感到不安和混亂，徹底將交涉導向對自己有利的狀態。《巴黎氣候協定》、中美貿易戰皆是如此。

4 交涉中較為強勢的一方一旦出招，就可迫使對方在心理狀態陷入不穩定時，被誤導做出不合理的判斷，甚至是沒必要的讓步。

5 談判桌上不光是要有滿滿的戰鬥力，過程中還要隨時確認，自己預先準備的備案是否仍管用。

07

情況不利時，刻意示弱的交涉藝術

——將獨立的點連接成線，培養大局觀思維

誠如前文所言，和強者談判時必須**預先安排兩個以上的備案**。即使對方率先打出談判破局的王牌，你也可以利用備案達成自己的目的。這麼一來，不論對方是再怎麼厲害的強者，我們也不用擔心被迫讓步。

話雖如此，談判桌上也還是會有不盡人意的時候。我經常遇到許多前來求助的客戶，最常見的是供應商。他們承接世界各大品牌企業的訂單，卻幾乎每年都被對方要求降價，有時狀況嚴重到，若再繼續降價下去，自家公司的財務就要出現赤字了。但由於**對方處於完全的優勢**，若是供應商拒絕降價，大品牌們便揚言直接取消訂單，絲毫不願讓步。

況且，這家供應商的訂單有一半都來自這些大品牌企業的委託，若是訂單真的被取消，公司肯定會倒閉。在這樣的情況下，供應商無法使用談判破局的王牌，除

了無奈接受降價之外，似乎沒有別的選擇。

居於劣勢也別放棄，拐個彎找出談判空間

實際上，就算情勢走到這樣的地步，大家仍無須放棄交涉。我的意思是，就算不得不吞下對方的降價要求，你還是可以**透過其他條件的交涉來換取一些談判空間**。更重要的是，不論你的立場多麼薄弱、機會如何渺茫，也一定還是擁有自己的強項。只要拐個彎，**從別的角度切入以發揮這個強項，就很有可能和對方商議，調整降價的幅度**。

例如，這間供應商的品質一直都很穩定，並且嚴格遵守交期。對下單的大品牌企業而言，他們肯定希望能和這間廠商繼續合作。要是中止合作關係，就得再找新的廠商，而且要和新廠商彼此磨合以達到穩定生產、安全進貨的階段，勢必會花不少時間和工夫，想來該大企業應該也不希望發生這種事。

換句話說，**「品質穩定、交期準時」就是供應商的強項**，即使這樣的立場很微

弱（坦白說這只不過是做生意的基本要求），供應商還是可以透過以下說法，逼迫對方縮減降價幅度：「我們會誠心誠意配合貴公司調降價格，但調降的幅度能否再商議呢？若一直這樣下去，敝社的經營恐見赤字。到時別說更換機器設備，就連保養機器都沒辦法了，**商品的品質與交期也有可能會受到影響。像這樣會帶給貴公司困擾的事，我們想盡可能避免。**」

話都說成這樣了，就算是相對強勢的一方，也很難隨便敷衍「我們無所謂」。由此可見，即使居於劣勢，也一定還有談判的空間。

懂得屈服，適時低頭，以成就最終勝利

話雖如此，上述「以自身（微弱的）強項爭取談判空間」的技巧，在實際的交易中，還是有一定的限制。我就親眼見識過很多次，多數強者出手時毫不留情，絲毫不考慮對手立場，也完全聽不進供應商的請求，像這種時候，就連「縮減降價幅度」的最後掙扎也沒希望了。

這當然是萬不得已的決定，但在強者毫不讓步的情況下，供應商也只能**暫且低頭、刻意示弱**，並將自己的目的縮減至**「只要能繼續和對方做生意就好」**，現階段先乖乖屈服於對方。

然而，這項交涉並未就此結束。供應商只要能**持續累積足以打出談判破局王牌的強項，就算多花點時間，情況終將有所改變**。有點像成語「臥薪嘗膽」那樣，供應商可以在和大品牌企業往來之餘，一邊慢慢累積其他客戶，將目標設定為「脫離只倚靠一間大企業支撐整家公司業績的狀態」；或是研發出獨家技術，將目標設定為「成為全球唯一擁有此技術的供應商」。只要能夠做到這些，不論對手再強大，屆時你都可以打出談判破局的王牌、拒絕對方不合理的要求，以對等的姿態進行交涉，並取得最終的勝利。

把獨立的點連成線，以大局觀視野考量整體

總而言之，各位在談判時不能只有「點」的思考，而必須**把各個獨立的點連成**

「線」，以大局觀的視野進行整體考量。

換句話說，若只贏得眼前的利益，沒有通盤考量，就不算是真正的交涉勝利。當你無法打出談判破局的王牌時，不妨暫且妥協，這也是交涉的藝術之一。總之先求生存再說，讓自己能夠在「稍微吃點虧」的情況下繼續經營。在那之後，你還得專心致志地累積實力，靠自己的力量把談判破局的王牌拿到手。

這樣長時間的累積過程也是交涉的一部分。即使**外人看來你屈服了，但你心底明白得很，這是在持續抗爭**。當後續對方再次提出不合理的要求時，你就有談判破局這項武器可以使用，並在交涉時徹底壓制對手。而這樣「君子報仇三年不晚」的過程，是相當值得讚許的。

辣腕高手的交涉武器

1 談判時居於劣勢也別放棄交涉，你還是能拐個彎找出談判空間，不論自己的立場再怎麼微弱仍值得一試。

2 即使再怎麼攻防，面對強勢的對手，總有無法駁倒對方的時候。此時你得先暫時妥協，即使稍微勉強，也得讓自己先生存下去再說。

3 當你無法打出談判破局的王牌時，不妨暫且低頭，讓自己能夠在「稍微吃點虧」的情況下求生，並專心致志於累積實力，靠自己的力量把談判破局的王牌拿到手。

4 君子報仇三年不晚，長時間的累積過程也是交涉的一部分。即使外人看來你屈服了，但你心底明白得很，這是在持續抗爭。

5 只贏得眼前的利益，沒有通盤考量，就不算是真正的交涉勝利。你必須把獨立的點連成線，以大局觀考量整體局勢。

08

再怎麼弱小的一方，也一定有強項

——利用「不成理由的理由」，化弱點為強處

人們在交涉時，通常會深受**「權力制衡」**的影響。例如，公司進到客戶端的貨物有瑕疵，客戶嚴正地要求你立刻擬定應對方案。當你緊急趕到客戶公司，對方一開口就是一堆要求：「為什麼會發生這種事？拜託你們趕快提出詳細報告。」、「我們要求立刻重新進貨。」、「你們得賠償所有損失！」

面對這種情況，任誰都看得出來是客戶方占壓倒性優勢，若要拒絕這些要求恐怕很難。況且就職場道德來說，公司誠心誠意地道歉後，馬上擬定對策也是應該的。但即使是這樣的情況，你也**無須照單全收**。對方若是提出太過分的要求，就應該透過交涉祭出反擊。

為什麼這麼說呢？這部分其實在前面已提過了。因為在談判桌上，不論你的立場多麼微不足道、再怎麼弱小，也一定還是有屬於你的強項。

對方就是因為也有想要的東西，才願意和你談

首先應該思考，**你為什麼要和對方坐上談判桌？**若你真的完全沒有強項，對方也沒有必要安排交涉了。換句話說，對方一定也是**理解到我們擁有哪些令他們在意的東西**，才有交涉的意願。所以正式交涉前，一定要先找出自己擁有的強項。

我方究竟握有什麼強項？你可以先試著**站在對方的立場思考**。延續本節開頭的例子，客戶應該最希望你們竭盡所能，越早進新貨越好，而這點也只有你的公司能做到。若硬要在此時抽換成其他公司，不論是零件規格或進貨細節，都必須重新討論，客戶應該沒有這樣的時間和精力從頭來過。

另外，兩家公司已經合作多年，在客戶的長期生產計畫中，應該也已把你們公司的產能一同估算進去。此時若是雙方合作關係出現裂痕，客戶還得重新評估生產計畫，他們一定不樂見這種情況發生。

由此看來，**試著站在對方的立場思考**，**就能輕易找出我方具備的強項**；然後善用這個強項，便能站穩腳步、抵抗對方太過分的要求，替自己爭取更有利的條件。

用「不成理由的理由」製造強項

此外，強項也不是只能用「找」的，你也可以狡猾地「無中生有」。換句話說，**各種「不成理由的理由」都能成為你虛有的強項。**

某一次，我的委託人因為自身過失而被要求支付賠償金，我身為他的談判負責人，必須和對方的律師交涉。我的立場雖然很薄弱，但在多次鍥而不捨的交涉下，也終於來到和對方談定賠償金額的階段。只是，我還想將賠償金額壓得再低一些。

像這種時候，你可以故意和對方說：「實際上，就過去的案例來看，您所要求的賠償金的確是在適當的範圍內，所以我認為我們就此達成協議並無不妥，但對於這個金額，**我的委託人說什麼都不願意點頭**。我實在也不想讓這場交涉繼續這樣拖延下去，**你們可以幫幫忙嗎？**」

當然，「委託人不願意點頭」根本不算是降低賠償金的正當理由，也就是說，這是一個「不成理由的理由」。說得再難聽一點，這根本是藉口。但若能把賠償金額壓得再低，我的委託人也沒有理由反對；換句話說「他對於目前的金額不滿意」

也是事實。假如對方的律師也有意讓這場交涉早點結束，就很有可能欣然接受這項提議：「真拿你沒辦法，好吧，我回頭再和我的客戶商量看看。」

順道一提，一般的商務人士也很常使用這項策略。例如**「我也不想這樣，都是我家主管的錯」、「我們公司老愛規定這些不合理的要求」，總之把問題推到別人身上就對了**。記得我年輕的時候，主管也曾在我出門談判前對我說：「交涉時遇到問題的話，就把錯全推到我身上就好，知道嗎？」

當然，應該不用我多說，使用這個方法時，務必**事先徵求客戶或主管的同意**。而且前提是要和對方的談判負責人誠心誠意地交涉、建立信賴關係，否則這招是行不通的。只要能克服以上條件，就可以透過「不成理由的理由」製造虛有的強項。

逆向操作，將既有弱點化為強項

又或者，你還可以逆向操作，**利用弱點來製造強項，意即「化弱為強」**。假設你的公司資金周轉不靈，面臨債款還不出來的情況，偏偏債主在此時要求你還債，為此，你提出分期付款的請求。然而對方不接受，並表示如果不馬上還錢的話，他們就要走法律途徑，絲毫沒有要讓步的意思。

此時若要找出活路，就只能豁出去了。「如果貴公司堅持現在就要強制回收債款，我們就只有倒閉一途了。如此一來，貴公司能收回的錢也只剩下一部分而已。但如果能分期償還，我們一定會連同利息全額支付。」

簡單來說，這就是你的最終手段，卻也是足以壓制對方氣勢的強項。雖然不是值得讚許的方法，但我認為，**一旦被逼到窮途末路時，就應該抱持著「只要有一絲機會就不要放過」的心態進行交涉。**

不妥協就燒城，讓外國人漁翁得利？

提到化弱點為強項這一點，日本幕末時期的開明政治家勝海舟（一八二三～一八九九年）相當厲害。明治新政府軍攻擊江戶城時，勝海舟被幕府召回，並派去和新政府軍的首領西鄉隆盛（一八二八～一八七七年）進行交涉。對方軍力強大，勝海舟的立場則非常薄弱，當下可說是千鈞一髮的局面。

這個時候，勝海舟準備了一個相當驚人的對策。儘管幕府這方有意願盡可能地讓步，但如果這樣交涉還是失敗，新政府軍因而開始攻擊江戶城，勝海舟也已做好**火燒江戶街道**的準備，要讓整個江戶化為焦土。

於是，勝海舟和消防員們打好關係，指示他們在得知談判破局時就在江戶街道放火。同時拜託船伕們屆時盡可能地救出人民，事先準備好應變措施。

幸好最後談判順利達成協議，避免了江戶城的血光之災，但我不敢想像，假設西鄉隆盛宣告談判破局並準備離開，而勝海舟在此時小聲指示執行這個策略，這場談判會變成什麼樣的局面。

如果整個江戶陷入火海，勢必可以阻止新政府軍的進攻，但也會造成更嚴重的狀況。因為一旦江戶化成焦土，對於一直以來**虎視眈眈**、**想占領此處為殖民地的歐美強國來說，無疑是漁翁得利之舉**。他們可以肆無忌憚地長驅直入，在此為所欲為，這樣的局面，西鄉本人絕對不樂見。由此可見，勝海舟的這項策略，正是足以抵制西鄉打出談判破局王牌的強項。

據說勝海舟本身是個很愛吹牛的人，因此我們無法得知這段歷史的真偽，而戰爭和商場也不該拿來相提並論。但如果一切屬實，勝海舟能夠準備這樣的策略，實在非常厲害。就算**處於絕對的劣勢、面臨再緊急的局面，仍然可以找出足以壓制對方攻勢的強項**。交涉也是一樣，直到最後一刻都不可放棄。

辣腕高手的交涉武器

1 交涉前，必須思考自己坐上談判桌的原因是什麼，並且找出自己究竟具備何種強項。

2 對方就是因為也有想要的東西，才願意和你交涉。因此尋找自身強項時，可以試著站在對方的立場思考。

3 有時候，「不成理由的理由」也是交涉技巧之一，例如刻意把問題推給當下不在場的第三者身上，讓對方無從怪罪起。

4 你也可以逆向操作，把自己既有的弱點化為強項。例如讓對方明白，比起現在被逼債害得公司倒閉，再給多一點時間慢慢把債務還清會是比較好的做法。

5 被逼到窮途末路時，必須抱持著「只要有一絲機會就不要放過」的心態交涉。如此一來，即使處於絕對的劣勢、面臨再緊急的局面，都可以找出足以壓制對方攻勢的強項。

09

那麼，對方有沒有弱點？
——事前調查對手找出痛處，然後用力戳下去

我一再強調，交涉時必須做好許多事前準備。若沒有提前準備好需要的資料，便無法將場面導向對自己有利的狀況。甚至可以說，一旦你擁有的資料不比對方來得充足，就等於輸了這場交涉。因此，我會花費許多時間和精力在**事前調查**上。

事前調查的重點大致分成兩點，**第一是調查引起糾紛的源頭**。如果碰到的是侵害專利的糾紛，不用多說，一定要詳細調查和分析侵害專利的事實、自家公司擁有的專利權效力、相關法律規定、過去類似的案例，以及賠償金額的公定價等。

要是遺漏了這些調查，**你的辯論就會缺乏說服力**；碰上對方反辯時，你也完全無法反駁。所以我才說，疏於事前準備無疑是自掘墳墓。最簡單的做法是，**先預設對方也是做好了萬全準備才前來應戰**。因此，事先做足功課，與其說是為了贏得交涉，不如說是自我防衛。

更重要的是**第二點**，完整調查對方的相關情報之後，**也要深入觀察他們現在面臨的狀況為何**。當你能看清楚對方的要求是什麼、最畏懼的是什麼、他們的弱點是什麼，就可擬定出許多有利交涉的策略。

先做好功課，你才有機會挑錯

以下列舉日常生活的例子來思考。例如，你想和房仲業者交涉房租。這種時候，誰都知道要事先調查租屋區域、租屋規格以及市場價格吧？只要你知道**市場行情**，之後遇到明顯比市價高的房租，就可以從容不迫地開始交涉了。此外，仔細研讀房仲準備的資料也很重要，等你實際到現場看屋時，如果**發現了資料上沒有寫到的缺點**（例如地板上有家具拖曳過的痕跡、沖水馬桶不通等），**就可以成為你殺價的材料**。簡單來說，事先做好功課，你才有機會挑錯。

總而言之，大家絕對不可疏於調查相關資料，但也不是說做足功課就可以放膽去和房仲交涉。影響交涉結果更鉅的是：**房仲業者目前處於什麼樣的狀況？**

在日本，四月是開始新年度、新生活的季節，三月則是搬家的高峰。這是人潮不斷湧進來找房子、找公寓，對房仲業者來說最忙碌的時候。此時你很難有交涉房租的空間，因為房仲多得是直接用定價簽約的客人，他才懶得跟你討價還價。

相較於此，十一月～十二月則是淡季，空了好幾週沒完成簽約的房子也不少。房東最討厭空房，因為完全沒有租金入帳。所以**對房仲業而言，這時需要討好的是住戶**，而非房東。房仲應該最害怕房東無情地說：「你們若是再找不到住戶，我就要委託其他業者了。」

由此看來，年底這段時期對你最有利。如果**把房租市價作為交涉籌碼**，房仲可能會覺得，就算降低房租也總比沒人住來得好。最後**縱使降低房租有困難，也極有可能在押金上給你折扣。**

商場上的交涉也是相同的道理。只要你能掌握對方面臨的狀況，就可以在談判桌上取得優勢，所以盡可能地投入時間和精力，調查交涉對象是必須的。你可以研究有價證券報告書、報章雜誌上的報導等。即使只是追溯到幾年前的事件，都有可能觀察到對方的黑歷史和現在所處的狀況。

人脈和八卦能提供意想不到的有利用情報

此外，**透過業界人脈所獲得的八卦情報更有價值**。人類是社會動物，我們喜歡與他人分享意見與資訊，而人們愛聊八卦的習慣，可以營造與朋友和同事間的關係。甚至可以說，智慧存在於眾人之中；資訊在看似閒聊的偽裝下四處流傳，這就是人**脈和八卦的妙用**。

我曾因為掌握某項情報，頓時在交涉中占了上風。

當時，我的客戶因為專利被侵害，正和歐美企業進行交涉。對方不論在企業規模或資本額上，都比我的客戶來得強大，當時我們認為這恐怕會是場艱難的交涉。

沒想到，就在交涉的事前準備階段，我這邊聽到了風聲：「這家企業好像正祕密和大企業進行合併計畫。」這項情報是從可以信賴的同業那裡打聽到的。

但這終究只是尚未查證的消息，未可盡信。不過在我這段期間的各項調查中，的確也發現**對方近年的業績持續下滑**，雖然還稱不上是經營危機，但仍然可以推測他們面臨了不想辦法不行的處境。因此，我認為這個情報的可信度很高。

從小道消息中找出對方的弱點，用力痛擊

雖然謠言不可以完全相信，但這如果是事實，這次的交涉將對我方非常有利。因為事實上，對方是想藉由合併的方式化解公司危機，假設情報屬實，他們應該無論如何都想避免侵害專利的紛爭鬧上法院，更不想讓這個問題越演越烈。簡言之，**對方接受我們要求的可能性極高。**

於是，我為了證實這項情報的真實性，故意在交涉現場強硬地提出我方要求。我除了求償高額賠償金之外，同時還表示，假如對方不接受這個條件，我們就**馬上進入訴訟程序**。這樣朝著痛點戳下去之後，我仔細觀察對方的反應。

在此先說明一下，由於我方提出非常高額的賠償金，若是合併風聲是假消息，他們應該會馬上抗議：「別開玩笑了！大家法院見吧！」然而，**他們絲毫無法掩飾內心的動搖**，始終只針對「賠償金過高」這點提出反辯，完全不敢觸碰訴訟一事，顯然想避免問題演變至更糟糕的局面。我因此更加確信，合併的風聲是事實。

之後的情況可以說是一面倒。對方持續反辯賠償金額不合理，但只要我們稍微

拿出「那就直接進入訴訟程序吧」這張王牌來威脅，他們的氣勢就立刻衰弱下去。最後，我們以非比尋常的速度成功獲得高額賠償金。由此可證，**只要掌握對方所處的狀況為何，就可以找到壓倒性獲勝的強項。**

也許可以這麼說，**交涉時不要只糾結在表面的問題點上。如果以戰事來比喻，**談判的問題點只是「地方戰爭」，為了拿下全局，你不該把火力集中在此處，而是要綜觀全體狀況，再來**思考大範圍的談判戰略**。

以本段介紹的訴訟案例來說，企業合併的小道消息和當下談判的問題點完全扯不上關係，但是，就對方企業的立場，企業合併是他們非常在意的核心，若讓這件事發揮作用，將會大大影響侵害專利的交涉。我就是利用這樣的弱點，成功地於談判桌上大獲全勝。

辣腕高手的交涉武器

1 交涉前的準備作業不可少，你必須徹查對手所有的資料，否則論辯時將缺乏說服力，也會給對手可乘之機。

2 調查對手時有兩個重點：第一是引起糾紛的源頭；第二是深入觀察對方正處於何種狀況。

3 換位思考很重要，一定要將對手所處的狀況考量進去。例如租房時，觀察房仲業者的狀況，如果正值淡季，在房仲業者擔心房客不入住的狀況下，你就可將房租市價作為交涉籌碼，讓對方給你優惠。

4 人脈和八卦能提供意想不到的有利情報。只要藉此掌握對方所處的狀況為何，就可以找到壓倒性獲勝的強項。

5 找出談判問題點後，不要只糾結在表面的問題點上，而應該綜觀情況，再接著思考大範圍的談判戰略，以拿下全局為目標。

第3章

刻意表現誠實，正是你最強大的武器

10

態度越自然，看起來就越強
——乍看之下沒什麼的，往往水越深

交涉就像一場戰鬥，雖然我不斷重申這句話，但不代表我鼓勵大家在交涉現場刻意表現出逞兇鬥狠的好戰姿態。這樣的態度可能會讓對方反感，使交涉陷入困境。

當然，若是對方提出過分的要求，你就應該正面應戰；當你確定不管再怎麼談下去都無法達到自己目的時，再打出談判破局王牌。要注意的是，你應該先藏好這道殺手鐧，因為在交涉期間，從頭到尾**保持自然而又深藏不露的態度**是基本原則。那些乍看之下沒什麼的，往往水越深。

收起你的尖牙，越平易近人越好

任何的交涉一開始，都是為了**調整彼此的利害關係**，因此在這段期間做好良性交流，討論出達成雙方目的的方法，是絕對不可忘記的初衷。

此外，我最常向年輕律師提出的建議是：**講話越不像律師越好**，越平易近人越好。例如，說話時不要使用專有名詞，也**不要擺出一副「我就是要講贏你」的態度**，把你的「尖牙」收起來。若是在法律專家聚集的辯論會上，這麼做當然沒問題，但是在一般商業交涉現場，這樣的說話方式只會讓狀況越發嚴重。你必須**盡可能使用簡單易懂的字眼，在顧慮對方感受的前提下謹慎發言**，否則很難取得認同。

不光是專業的談判場合，一般的商務人士也必須明白這個道理。有些人會錯覺自己是辯才無礙的律師，用滿嘴的大道理武裝自己，一見到對方有破綻就想攻擊，但其實沒有必要這樣。我反而覺得，能夠**以真正的自己面對敵手**，才是最強的。

天生內向害羞？你就盡情「做自己」

為什麼做自己最強大？理由很簡單。在交涉現場，大家都會運用各式各樣的心理戰，舉凡誘敵、引導、挑釁、警告……造成對方心理上的動搖，以營造出有利自己的局面，這就是交涉的真諦。然後在這個過程中，不論什麼樣的人都一定會**露出本性**，意即，他們**真正的自己**一定會被識破。所以即使你再怎麼逞強、用再多大道理來偽裝，只要一被對方攻擊，假面具很快就會脫落。以我過去的經驗來看，任何想假扮成「泰山崩於前而色不變」的人，大多都無法如願。

換句話說，**你想偽裝成強勢者，卻只證明了你心靈上的不成熟**，最後遭到對方輕蔑，無疑是自曝其短。如此一來，反而更助長了對方的優越感，主動將談判導向有利他們的局勢。

因此，與其背負這樣的風險，不如**一開始就以真面目坐上談判桌**。的確，態度大方、口才流利者給人善於交涉的印象，但刻意偽造出這種形象是很危險的事，用真正的自己來決勝負絕對比較管用。

即使你沒有自信、個性消極內向，**但這就是原本的你，沒有必要感到丟臉**。若你是正經八百的人，就正經八百地發言；善於社交的人，就在過程中講個笑話也可以。只要擁有達成自己目的的堅定意志和策略，不論什麼個性的人都能勇敢迎戰，完全沒有必要偽裝。

沉默寡言的人一旦開口，影響力不容小覷

其實，**能言善辯的人不一定代表擅長交涉，反而是個性含蓄、話不多的人比較厲害**。為什麼呢？就是因為他話不多，所以更突顯其發言的重要性。

我曾有過深刻的經驗，那是我在美國擔任陪審員時的事。正如大家在美劇裡面看到的，在美國就算不是法律專家的一般人，也能以陪審員的身分偕同判決。也就是說，**證人留給陪審員的印象，將強烈左右這場審判的結果**。

這天，法官傳喚幾名證人上法庭作證，其中一位證人發揮了非比尋常的力量。這位證人極度沉默寡言，因為開口次數實在少之又少，所以在他終於發言時，所有的陪審員都把專注力放在他身上。那些口才流暢的證人，其證詞可能只被聽進去一半，但這位寡言證人所說的一切，卻成功吸引了陪審團的注意。

更了不起的是，這種話不多的證人**往往只說重要的事**。證人們的發言時間大概有一個小時，這位證人只說了五分鐘的話，然而，這五分鐘卻對這場審判產生極大的影響。老實說我非常訝異，這下真的見識到不鳴則已，一鳴驚人的真理了。

挑準時機發言，比你說了多少還重要

在交涉現場也是一樣。口才流暢的人儘管說話起來很動聽，但如果天花亂墜地說個不停，可能只會被大家當成耳邊風。相反地，沉默寡言的人所說的話，反而更能讓人專心傾聽；如果他的發言正中紅心，就能產生極大的影響力。

當然，我也不是在說能言善辯的人很吃虧，同樣秉持「做自己」的原則，從頭到尾保持一貫的風格進行交涉即可。然而，面臨一些重要的關鍵局面時，不妨試試**一改往常的說話態度和傳達方式**，有點像是切換模式那樣，突然把自己的話匣子關起來也不錯。如此一來，帶給對方的衝擊，應該不會比平時沉默寡言的人少。

總而言之，要在交涉中決勝負，**重點不是你說了多少，而是能否在關鍵的時刻發言**。大家想像看看，當對方說得天花亂墜，不斷傳述自己的要求，而我方則是安靜傾聽。儘管在當下，對方可能會覺得自己占了優勢，但假設對手提出的要求並不合理，你只要心平氣和地說一句**「我們並不同意」**就夠了。

這裡的要訣是，**先讓對方盡情出招**，當他們說出不合理的要求時，只要你這方握有明確的證據，這句「我們並不同意」便會更顯鏗鏘有力。對方更會因此退縮，原本講得天花亂墜但沒有一句重點的發言，也會在這個瞬間原形畢露。這句簡單的「我們並不同意」的重要性，在交涉現場所發揮的影響力實在不容忽視。

辣腕高手的交涉武器

1 交涉時請收起你的尖牙，越平易近人越好。無須刻意擺出一副「我就是要講贏你」的態度，也不要用滿嘴大道理來武裝自己。盡可能使用簡單易懂的字眼，顧慮對方的感受謹慎發言。

2 大家不必刻意改變自己的談判風格，不論你是內向害羞或能言善道，在交涉場合都請盡情「做自己」，如此才能在談判桌上好好發揮。

3 個性沉默寡言的人往往不鳴則已，一鳴驚人。當他們開口說話，反而更顯其發言的重要性。若將自己偽裝成強勢的人，反而會被對方識破、招致輕蔑。

4 比起口若懸河地說話，能選在關鍵時刻發言更重要。此外，挑準時機發言，也比你說了多少還重要。

5 交涉時先讓對方出招，當對方提出不合理要求時，我方再心平氣和地說出「我們並不同意」，將更顯鏗鏘有力。

11

盡可能讓對方多說一些
——聽出對手的真正意圖，你才有勝算

交涉時最重要的就是溝通，傳遞彼此的想法和意見、調整雙方的利害關係。但人們在溝通時，經常只在意如何把自己的想法傳達給對方，**而忽略了傾聽這件事**。

能夠從對方口中套出較多情報的人，才能在交涉中取得優勢。對方的目的是什麼？絕不讓步的條件是什麼？對方畏懼什麼？困擾的是什麼？能知道對方在想什麼，就有足夠的情報擬定適當對策。中國古代撰寫《孫子兵法》的孫子曾說：「知己知彼，百戰不殆。」由此可知，**知己之外，更重要的是知彼**，此為勝利的祕訣。

在談判桌上的溝通原則中，**聆聽比發言更值得重視**。想要說服對方，與其自己單方面說個不停，還不如積極傾聽對方的想法、設法讓他多說話。也就是說，**訓練交涉能力的關鍵，其實在於傾聽**。

相較於此，口才流暢的人反而要特別注意，有句老話叫「言多必失」，就是這

個道理。在交涉過程中，輪到自己發言時，往往很容易**不小心就把不該透露的內容都說出口**。若以撲克牌為例，這就像是你的底牌全被看光了一樣，註定不可能贏得這場賽局。相較於此，能夠察覺對方握有何種底牌的人才有機會大贏。

若你真的很想得罪別人，就多寄電子郵件

雙方溝通時，若能**見面對談**最好不過。遺憾的是，日常生活中不可能隨時都有機會坐下來談，大多是以電子郵件或電話聯絡代替。儘管如此，我還是建議，如果是討論重要內容，盡可能當面溝通比較好，因為你能**從中獲得最豐富的情報**。

人類的溝通方式不只語言，從對方的**表情**、**動作**、還有**當下的氣氛**，都可以獲得大量的情報。想要觀察出對方真正的意圖，不能光靠口語交流，也必須從非言語訊息下手。如果無法當面溝通，**第二順位則是打電話**。至少你可以透過電話聽到對方的聲調或呼吸，進而察覺對方的想法。

假如你只剩下發送電子郵件的選擇，那麼有一點要特別注意，因為電子郵件只

有文字資訊，意味著情報量不足；更大的問題是，你很可能會因為看不到對方的表情，而**不慎寫出當面不好開口的強硬要求，無形中得罪了對方**，使得雙方後續互動僵硬，導致交涉陷入膠著。

此外，電子郵件的內容通常會永久留存下來，也能夠直接轉寄給第三者，有可能因此**成為令人誤解的證據**，陷自己於不利。所以我對於電子郵件的使用一向非常謹慎，如果溝通的內容較為複雜，一定會透過電話或當面溝通，電子郵件則建議僅用於發送通知書給公家機關等單位，這類較為單純的場合。

找出對方弱點、淡化彼此對立，都得用問的

那麼，如果是面對面坐下來談的情況，該如何促進雙方溝通？如同前文所述，聆聽比發言還重要，所以大家應該盡可能以發問為主軸。

只要你發問，對方就不得不回答；對方若是拒絕回答或打馬虎眼，就代表那是他的弱點所在。

此外，由我方發問也比較容易取得**溝通的主導權**，雖然大多是對方在說話，但你可以隨時**藉由發問轉移話題**，可說是交涉時的重要武器。

此時要注意的是，發問的基本原則是確認對方的意圖。因此，當對方表達意見時，你不能只聽取表面上的意思，**而要設法清楚地了解，為什麼他會提出這樣的意見？**而在掌握了這點之後，你就能準備更適當的對策。

發問時更要小心，別讓對方產生**被質問的感覺**，在用語上要特別注意。你得明確地表態「我想和你一起解決問題」，藉此**淡化彼此對立感**。「為了解決眼前這個問題，我必須知道你為什麼會有這樣的想法？還請你說得再清楚一點。」你必須抱持這樣的心態，和對方妥善溝通。

你也可以直接問對方：「我這**不是在否定你的意見**，只是想知道你為什麼會有這樣的想法？希望你可以詳細說明。另外關於這項資料，你如果能解說得更詳細一點的話，說不定就可以依據你的看法做出更有利的辯證。」

相信這種**以對方立場為出發點**的說法，大部分人聽了都會更容易說出真心話。

讓對方錯覺你說的跟他一樣多

還有一點要注意，若是不小心發問過頭的話，對方恐怕也會有所警戒，進而提防自己透露太多情報。為了不讓對手產生戒心，通常我會刻意讓對方有**獲得等量情報的錯覺**。

例如，你在發問時，也要不時透露自己這一邊的情報，但那些絕不能讓人知道的重要資訊還是得藏起來。即使提供的只是**一些小小的情報**，若能讓對方覺得「他們講的也一樣多」，就可成功鬆懈對方的警戒心。

假設現在這場交涉中，最主要的糾紛來自於**金額問題**，你可以採用以下這種說法：「我認為這場談判可能會耗上相當多的時間，因此我們希望可以**在三個月之內解決**……不知貴公司覺得如何呢？」就像這樣，稍微透露一點**無涉及主要問題的想法**（希望在三個月內解決，但未提及金額高低）即可。

即使是這種程度的小情報，對方也可能因為覺得你吐露真心，進而給予你更多消息；像這樣以小情報換來大消息，實在相當划算。

很多時候，雙方不見得真的站在對立面

探聽對方的本意時，還有一個要點必須經常放在心上：你得時時自問，**有什麼方法可以避免衝突**。別忘了，能夠做到不戰而勝，才是最完美的交涉，而交涉則是為了達到自己目的的必要手段。由此可知，若是雙方都能達成自己目的，應該就能避免衝突場面。

講得再直接一點，很多時候，**當你得知對方究竟要什麼，往往會發現彼此不一定真的站在對立面**。曾經有一個古老的故事。兩姊妹爭奪一顆橘子，誰也不讓誰。父母問了姊妹倆的想法之後，頓時問題就解決了。為什麼呢？因為妹妹想吃果肉，姊姊則想用橘子皮做果醬。也就是說，雖然姊妹兩人都在爭奪這顆橘子，但彼此的目的並不一樣。而在了解對方真正的想法後，她們終於能一起分享橘子，也達到了雙方的目的。

當然，像這樣的例子在實際的商場上比較罕見，但我們也不能完全否定這個可能性。只要能抱持這樣的想法，探究對方的本意就會變得非常有意義。

明明被約翰．藍儂侵害版權，竟還大賺一筆？

這種**「探究本意、避免衝突」**的做法，往往能夠成功製造雙贏。

著名英國樂團披頭四（The Beatles）的主唱約翰．藍儂（John Lennon）在一九七五年發行了《搖滾》（*Rock 'N' Roll*）專輯。在這張獲得全美流行專輯榜第六名的唱片中，他翻唱了數首經典搖滾樂曲，但其發行契機，其實源於一起**抄襲事件**。

事情的開端是，約翰．藍儂創作的歌曲〈一起來〉（*Come Together*）遭到一家唱片公司老闆莫瑞斯．李維（Morris Levy）提起侵權告訴。李維擁有公司旗下樂手，也就是搖滾樂先驅查克．貝里（Chuck Berry）的音樂版權。他在訴狀中指出，約翰．藍儂這首歌抄襲了查克．貝里的〈你抓不住我〉（*You Can't Catch Me*）。

此事爭執多年，最終是庭外和解，但條件是約翰．藍儂必須翻唱莫瑞斯．李維擁有版權的歌曲。因為凡是約翰．藍儂的專輯肯定會大賣，換句話說，只要在他的專輯裡收錄這些歌，莫瑞斯．李維就可賺進大筆版稅。

這個發想真是太絕妙了。莫瑞斯．李維的目的是錢；約翰．藍儂則是想避免抄襲事件鬧上法庭，這正是可以**同時實現雙方目的**的好點子，而這張專輯越暢銷，對雙方越有好處，根本是神一般的對策。順道一提，約翰・藍儂在《搖滾》專輯中翻唱了〈你抓不住我〉，而且還故意模仿了自己在〈一起來〉的唱腔，相當有意思。

簡言之，只要清楚彼此的目的，就有可能發想出奇蹟般的解決方案，進而避免更多的衝突。大家在和談判對手溝通時，千萬不要忘記這個雙贏的可能性。

辣腕高手的交涉武器

1 對手這次交涉究竟有什麼目的，必須靠積極傾聽對方想法才能得知。你得避免過度表達意見，同時小心別把不該透露的內容全說出口。

2 溝通時最好能當面交涉，其次是打電話。如果非得寄電子郵件，記得不要因為看不見對方，就不慎寫出當面不好開口的要求，否則只會害得雙方後續互動僵硬、交涉陷入膠著。

3 溝通時得主動發問，藉此取得交涉主導權，若對方拒絕回答或含糊帶過，該問題就是對方的弱點。

4 發問的目的是為了確認對方意圖，並清楚了解為什麼他會提出這樣的意見。用語上要避免讓對方產生被質問的感覺；勿採取對立姿態，並設法淡化對立感。

5 過度發問容易造成對方警戒。訣竅是不時透露一點我方的消息，讓對方錯覺你說的跟他一樣多，鬆懈他們的警戒心，給予你更多的情報。

12

談判時，陣容越精簡越好

——團隊亂了陣腳就注定敗北

談判桌上的另一個原則是**陣容精簡**。我過去的交涉對象中，常有對手帶著一堆人來壯膽。有句成語叫「寡不敵眾」，也許大部分人都認為人數越多越占優勢吧？但這個觀念其實是錯的，**交涉時人數越多，氣勢反而越弱**。相較於此，能精簡陣容前去談判，才更顯得更從容不迫。

面對艱難的交涉場合，我方人數太少的確容易緊張，例如擔心自己如果應對不周，將造成公司損失。背負著這樣的壓力坐上談判桌，確實很令人七上八下，但也正是因為不安，你會做足萬全準備，並懷著「不成功便成仁」的責任感進行交涉。

若你是準備妥當的一方，看著對方帶著好幾位不知道來幹嘛的人到現場，內心應該也會暗自冷哼吧？交涉時往往只有固定幾個人負責發言，其他人多半默默地坐在旁邊看，那麼，他們真的有必要待在這裡嗎？

「看起來就是只會靠人數充場面的肉腳。」、「他們一定是被逼急了，才會出此下策。」、「我們這邊三個人就可以做的事，他們卻派出十個人，真是浪費經費的無能集團。」如此一來，準備妥當的一方就更是勝券在握了。

你就是無能無權，才得拉這麼多人陪你

帶了這麼多人來到交涉現場，對手更會質疑：眼前這位談判負責人，**到底具備多少能力和權限？**本來，談判負責人必須考量公司內部決策、統整部屬的意見，再擬定最洽當的談判策略。在這之後，這些策略還得先取得公司的認可，才能真正被送上談判桌。換句話說，談判負責人在這場交涉中擁有很高的決策權。

既然負責人握有這麼高的權限，就沒必要帶那麼多人前來。如果這位負責人帶了很多人，恐怕是**連徵求公司內部同意、統整眾人意見的步驟都沒做到，或根本沒有獲得負責下決策的高層信任**（也就是說，此人並未獲得做決定的權限）。

像這樣的負責人，交涉時一旦無法判斷局勢，就會馬上轉頭問其他成員：「你

們覺得如何？」但其他成員若有決定權，幹嘛不直接來當負責人呢？所以他們應該也無法做出明確判斷。最後，大部分交涉的事宜都無法在現場決定，必須帶回公司討論。**若這種無法當機立斷的情況發生在你身上，對手就有機可乘了。**

當然，重要的內容的確有必要帶回去討論，但重要性不高的事項就必須立刻解決。換作是我，遇到未獲決定權的交涉負責人時，**我會立刻中斷這場交涉**並表示：「為什麼這件事不能在現場決定？這樣我們無法繼續交涉，請你們安排一位有決策權的負責人一同出席。」像這樣如此尖銳地質疑對手的交涉能力，對方必定深受打擊，後續我們就可以在談判桌上取得優勢。

交涉時我方人數上限是幾人？

綜合以上所述，帶太多人一起前往談判現場只會造成反效果。由我進行交涉時，會拜託客戶盡可能精簡出席人數，然後請他們同意，**在現場主要只由我來發言**。我方必須**將權限範圍劃分清楚**，並且同意在這個權限範圍內，由我完全控制這場交涉。如果不這麼做，我們將很難一直保持同樣的態度持續應對。

交涉時我方人數雖然越少越好，但仍必須避免一個人坐上談判桌，至少也要再多一個人比較理想。若是對手陣容龐大，而我方只有你一人要和他們交涉，任誰都會產生「我這不就是被公司逼著來的嗎？」的心情。**精神上一旦處於弱勢**，那麼在這場談判中，你恐怕**全程都會以防備心態交涉，無法放開拳腳主動攻擊**。

此外，如果我方只有一個人，即使從對方口中探聽出什麼證詞，你身旁**也沒有人可以佐證**。當然，也不是說同事見證後的記憶足以成為證據，但多少可以防止對方事後反悔，更不好睜眼說瞎話地講出：「我不記得說過這樣的話。」

安排一個助手在旁冷靜觀察

況且，人的能力有限。談判負責人經常需要全神貫注在眼前的論辯上，實在很難有餘力觀察整體狀況，容易陷入**見樹不見林**的偏頗狀態。假如對方的想法透過細微的表情變化洩漏出來，負責人也沒有餘裕可以觀察到這些。

這時若有一位能從旁觀察整體狀況的助手，將會大有幫助。舉個例子，假如談判負責人是拳擊手，這位幫手就類似**場邊助手**。拳擊手在談判桌上戰鬥時，助手就在一旁冷靜觀察戰情並給予支援。若能如此分工，交涉就能進展得更順利。

儘管也是有不得不一個人坐上談判桌的狀況，但若能安排第二人一同出席會比較好。此外，助手也不是帶越多越好，以我過去的經驗，再困難的交涉，共同出席者**最多只能四人**。若再增加人數，團隊本身可能會意見分歧，產生人多口雜的狀況。

團隊若自亂陣腳，對方就會見縫插針

參與談判的名單決定好之後，眾人就得接著確實討論交涉策略，這點非常重要。這場交涉的目的是什麼？談判破局的底線是什麼？讓步條件的優先順序為何？餵給對方的情報可透露到什麼程度？所有人都要將這些內容牢記在心，團結一致地坐上談判桌。**一旦對方發現我方亂了陣腳，就會用盡各種手段見縫插針。**

之前，一間專利遭到侵害的企業請我擔任代理人，代表他們出席調停談判。我同樣於事前徵求客戶的同意，**調停現場只有我可以發言**，並告訴他們，我打算從賠償金兩億日圓開始交涉；一．六億日圓是談判破局的底線，若超過這道底線就宣布談判破局、直接提出訴訟。

不過，我的客戶並不想進入訴訟程序，他們認為談判破局的底線可以再壓低一點（也就是賠償金額不必高於一．六億日圓），但我仍然堅持：「我們有勝算，應該強勢進攻，希望您們全權交給我。」這不是我太貪心，而是為了讓客戶可以獲得更多利益，於是我擬定了讓賠償金落在一．七億～一．八億日圓的策略。

調停人多事，害我損失了近兩千萬日圓

到了調停這天，法院派出的調停人突然出了一個怪招。由於調停人的任務是和解紛爭，希望盡可能找出雙方都可以妥協的條件。因此在談判前，他做出了假動作，但不是對我，而是對著我的客戶說：「若貴公司可接受**一．五億日圓**的賠償金，我有把握可以說服對方。」

我的客戶因為已同意現場只有我可以發言，所以沒有說話，但調停人誤以為這是同意的意思，**並馬上露出安心的表情，彷彿在說「這樣一切就沒問題了」**。我心想糟糕，但為時已晚，調停人顯然以為我的客戶只要一．五億日圓即願意和解，且不願進入訴訟程序。果然，談判時對方企業擺出了強硬的姿態，表示賠償金若超過一．五億日圓的話，雙方就上法院。雖然「一．五億日圓即願意和解」這件事不是我惹出來的，但我還是得努力達成客戶「不想進入訴訟程序」的請求。

最後，我盡了最大努力，在一．六億日圓的賠償金上和解了。但就我過去的經驗，就算把賠償金提升到一．七億～一．八億日圓也是可行的，對於這損失的近兩千萬日圓，我至今仍懊惱不已。

《教父》電影裡的談判啟示

一九七二年上映的美國經典電影《教父》（*The Godfather*）中，有一段非常有意思的場景，相當具有談判啟示。在電影前半段，國際毒梟蘇洛索和馬龍．白蘭度

（Marlon Brando）飾演的黑手黨老大（人稱教父）維托・柯里昂進行交涉，他希望和柯里昂家族一起合作販毒。然而，這個家族雖然在政壇、黑道、賭場都有舉足輕重的地位，卻從不接觸毒品。反倒是教父的長子桑尼相當心動，他表示：「做毒品買賣才有前途。我們如果不趁現在開始，總有一天，這個決定會左右家族的存亡。」

但教父否決了這項提議。交涉當天，蘇洛索對教父說：「你的面子夠大，又可以操控資金周轉，而你掌控的政客也都想要毒品，世界上渴望毒品的人多得是。」語畢，他還提出許多非常有利的條件給柯里昂一家。

對此，教父這麼回答：「我聽說你是認真的人，才和你見面。但這門生意我拒絕。我有很多政壇上的朋友，但如果他們知道我涉足毒品，就會全部離我而去。毒品碰不得。其他人想怎樣，我不會多說什麼，但是你的提議太危險了。」

蘇洛索聽完還是抱著一絲期待，又提出了更誘人的條件，但此時被誘惑動搖的卻是桑尼。察覺危險的教父**馬上阻止桑尼發言**：「我太縱容我的孩子了，他們動不動就亂插嘴。總之，我拒絕與你合作。你好好幹吧，一定會有所成就的。我只希望我們不會變成對立的關係。」就這樣結束這場交涉。

蘇洛索離開後，教父立刻責罵桑尼：「你是女人玩太多，頭都昏了嗎？在外人面前不准你再隨便說話。」教父很清楚，**交涉時若被對方發現我方沒有團結一致，是會出大事的**，所以才生氣地斥責兒子。

不團結一致，終將造成無法挽回的悲劇

但是，為時已晚。蘇洛索發現桑尼對毒品販賣很有興趣，他知道只要暗殺維托，長子桑尼就會繼承柯里昂家族。這樣一來，他就可以利用和柯里昂一家關係良好的政客，讓自己的販毒事業更順利。於是蘇洛索派人暗殺教父，揭開雙方之後一連串殘忍廝殺的序幕。站在陣前指揮抗爭的桑尼，最後更遭到機關槍掃射而亡。

桑尼可能一直到最後都沒有發現，自己正是導致這場悲劇的關鍵人物。因為他**輕率的舉動，在交涉現場被對方發現有機可乘**，進而引發所有事件的開端，就連自己的生命也賠上了。交涉時，我方若不團結，將造成無法挽回的悲劇。這就是我在這部電影裡學到的談判原則。

辣腕高手的交涉武器

1 談判負責人必須於交涉前考量公司內部決策、統整部屬的意見，再擬定最洽當的談判策略。因此不必把一整群人都帶來交涉現場。

2 交涉人數過多會造成人多嘴雜、難下判斷的混亂局面，甚至被對手質疑我方的能力，並乘虛而入。

3 但交涉時也不建議只派一個人前往談判，若是對手陣容龐大，可能導致我方代表承受壓力，產生「我是被逼來的」負面感受，之後很容易以防備心態和對方交涉，無法放開拳腳談判。

4 交涉時建議最少派出兩人前往，其中一人可充當助手從旁協助，隨時觀察對手表情等細節。

5 我方交涉人數上限是四人，交涉前務必確認內部團結一致、取得共識，若是內部意見產生分歧，被對方察覺後，後果將不堪設想。

13

真正的對手，往往不在談判桌上

——讓對方的談判負責人反過來替你達成目的

關於商場上的交涉，有一點必須特別注意：**你在現場面對的人，不一定是最後的談判對手**。換句話說，真正的對手，往往不在談判桌上。

請各位先有這項認知：**談判負責人終究只是代理人，不會是對手企業的決策者**（視企業規模不同而定。若不是非常重要的案件，通常大老闆不會親自前來交涉）。就算雙方負責人之間達成共識、做出結論，但假如對方回到公司後無法說服決策者，那麼即使在交涉現場達成初步協議，終究只是空歡喜一場。

為此，我們不僅不能只顧著處理眼前的談判負責人，還要隨時思考：如何才能說服站在負責人後方的那位大魔王（也就是對方企業的決策者）。

更確切一點地說，為了讓對方企業做出有利我方的決定，更高階的思考是，**如何讓眼前的負責人願意為你行動，反過來替你達成目的。**

從滿懷敵意到信任建立

想要讓對方為我們說話，首先要和對方建立信賴關係。交涉是場戰鬥，雙方若一直滿懷敵意，關係難免緊張，但這和建立人際之間的信賴關係是兩回事。換句話說，**你們可以為了各自的立場站在對立面，但這不阻礙你成為他願意信賴的人。**

想要建立信賴關係，就必須守約定、不說謊，遵守做人的基本道理，同時認真傾聽對方意見，傳達應該告知的內容，碰到無法讓步的狀況時絕不讓步。簡言之，只要**始終表現出真誠的態度**，不論再怎麼緊張的對立局面，仍能加深彼此的信賴。

一旦雙方能先彼此信任，就算交涉結果不盡理想（對方占上風），對手一定也會**把我們的請求放在心上**。這個觀念很重要，即使你提出的是很難讓對方決策者妥協的內容，該負責人也一定會想辦法替我們說服。

相反地，若是兩方之間沒有信賴關係，就算在交涉現場有了對我方有利的結論，只要公司內部一搖頭，負責人恐怕也會立刻（順勢地）屈服。到時候，談判又得重頭再來一次，陷入棘手的膠著狀態。

刻意做球給對方，讓他回去好交代

此處的重點是，**你必須站在對方的立場思考**。假設今天的狀況是你在談判中占了優勢，提出了對方企業不願接受的條件，而對方也沒有能力拒絕你。這時，他們的談判負責人會怎麼想呢？「若我把這樣的不利條件帶回公司的話，不知道會被怎樣責罵了……。」失敗的一方產生這種想法是很理所當然的。

碰到這樣的局面，**不要強迫對方接受**才是明智的策略。就算你明知對方負責人不得不接受，但成敗的關鍵並不是他，而是他背後的那位決策者，這位真正的談判對手若是拒絕才麻煩。此時你應該思考**要做什麼樣的球，好讓對方回公司後比較容易向內部報告，以降低交涉困難度**。

例如，假設你手中還剩下幾張對公司不是那麼重要的「讓步牌」，或許可考慮在此時，連同對方不想接受的條件一起提出；若能讓對方覺得此舉非常有價值會更好。為此，打出讓步牌時，你必須多加幾句：「說實話，**我非常不想在這個條件上讓步，但後續還請你試著努力說服你老闆**。」我這不是在鼓勵大家胡亂賣人情，但這麼一來，對方回公司報告時，就比較有機會邀功：「我讓對手做出重要的讓步了。」也就是說，盡可能讓另一方覺得，你的讓步牌是**有價值的戰利品**。

若你手上沒有讓步牌，隨便找一個藉口也可以。例如，假設這是一個對方占上風的場合，你無法支付對方求償的金額，這時可以開一個價格並表示：「這樣的金額可能無法滿足貴公司的期望，**但這是我們至今付過最高的賠償金了**。」如此，對方回去之後也比較能向公司開口，替你多爭取一些空間。

碰到缺乏彈性的談判負責人，怎麼辦？

由此可見，站在對方的談判負責人立場思考，是非常重要的事。但偶爾也會有負責人本身成為障礙，導致談判陷入僵局的情況。

就我的經驗來看，**這種負責人對於決策者的理解並不深入**，大多只是表面上聽到對方要他做什麼，便頑固地堅守這些條件，嚴重缺乏彈性，卻忽略了這些條件其實都還是有讓步空間。就算我方配合地做出讓步，這種不知變通的負責人很可能也無動於衷。當我們想了解事情的背景而詢問對方：「您為何如此執著這個條件呢？」他也回答不出個所以然，單純只是想盡忠職守，堅守決策者交辦的任務而已。

要解開這樣的僵局，任誰都會認為，如果可以直接和背後那位決策者溝通，應該就能順利進行了。但基本上，這種做法是大忌。**刻意越過談判負責人、直接和決策者接觸，是非常不給負責人面子的事**，就算你直接和該負責人說：「希望有機會請老闆（決策者）一起參與談判。」也是在給人家難堪。因為這樣等於是在表明「你不夠格擔任與我方談判的對象」。

先故意犯規，再乖乖道歉

話雖如此，我認為有時候也必須視狀況刻意犯規。要是和對方的談判負責人持續溝通卻一直沒有結果，對雙方都不是好事。且說得極端一點，交涉是為了達成自己的目的，而非「不要傷害眼前的負責人」，實在不用想這麼多。所以只有這個方法了，**我們得刻意繞過負責人，直接和決策者接觸，之後再向負責人道歉。**

當你直接找上門之後，決策者有可能會回你：「這件事請和我們的談判負責人交涉。」若真的被這樣堵了回來，也只能聽天由命，但總比一直僵持在原地來得好。畢竟沒有採取其他動作，就無法破除眼前的難關。

況且，與其被動地等待談判負責人大發慈悲，同意我方直接和決策者接觸，主動出擊再於事後道歉要簡單多了。**法律上並沒有規定談判時不得直接和決策者接觸**。還請大家試看看，若真的不行，後續再想其他對策即可。

這樣的作戰計畫我過去也執行了好幾次，幾乎所有的案件都能順利推展，可見大部分決策者都有合理的判斷能力。只要能提出有建設性的建議，決策者便樂於順水推舟。若已和決策者取得協議，談判負責人也不得不聽從。這時只要誠心誠意地說聲抱歉，就算負責人內心再怎麼不愉快，之後的交涉也不會有太大問題。

對手換人交涉，正是你獲勝的大好機會

還有一點要補充：在時程冗長的談判中，對方有時候會**更換談判負責人**，大家

千萬不要錯過這個好機會。為什麼這麼說？因為**新上任的負責人可將交涉不順利的原因，全數怪罪到前任負責人的身上**。

以下用我的經驗為例。我有位客戶是日本的製造商，被美國的製造商控告侵害專利。我調查之後，發現對方過於急功近利，所以我方是有勝算的。我們決定接受挑戰，進入訴訟程序。

接著正如我所預想，這場交涉對我方相當有利，一審判決獲得勝訴。然而對方沒有意思要收手，反而非常積極。他們馬上提出上訴的請求，同時將負責的律師（即談判負責人）換掉，儼然一副勝券在握的姿態。

我和新任的律師打招呼時，他說：「雖然一審時你們勝訴，但上訴時我們絕對會贏。你們若想花錢了事就趁現在。」我聽了相當吃驚，明明一審獲得壓倒性勝利的是我們，對方竟說出如此失禮的言論。不過，這位律師的神態看起來相當不安。

我這下終於明白過來了，**這只是對方的虛張聲勢**。這家美國的製造商大概被前任律師慫恿：「只要夠強勢，就能獲得高額賠償金。」製造商想必深信不疑，並在新任律師身上施壓，但是新任律師心裡也知道，要獲勝很困難，所以才如此不安。

於是，我改為向這位律師提案：「**乾脆我們把所有的錯都推到前任律師身上**，早早結束這場交涉吧。」這下換成對方露出驚訝的表情，但他馬上又故作正經地表示：「你說什麼蠢話？」並逞強道：「你這是害怕了嗎？」

我不理他，又接著說：「前任律師將這樁案子提送訴訟程序，本來就一點勝算也沒有了。我們目前又蒐集到更多有力的證據，你們現在繼續上訴，如果又輸了，我們的訴訟費用將由你們全額負擔，**結果只會造成你的客戶更多損失**。身為律師，你覺得這樣對嗎？假如真的敗訴，也會變成你的汙點。綜合來看，想將損失壓到最低的話，**我覺得在這裡收手是最明智的選擇**。反正你只要把錯全推到前任律師身上就好了，不是很簡單嗎？」

當然，他在現場對於我的提議只是一笑置之，但是幾週後，他就提出和解的提案。很顯然的，他把我的話聽進去了，並做出正確的情勢判斷。由於我方占優勢的關係，最後不需要支付任何賠償金就和解，我完全達到了客戶的要求。

各位一定要記住，對方更換談判負責人時，正是你大獲全勝的好機會。因為新任負責人可以把錯全推到前任負責人身上，讓雙方更快取得自己想要的結果。

辣腕高手的交涉武器

1 交涉時真正的對手，往往不在談判桌上。我們必須思考如何讓眼前的談判負責人願意為我方行動、做出有利的決定，甚至反過來替你回去向決策者爭取益處。

2 表現真誠的態度，加深彼此的信賴後再繼續交涉。若雙方沒有這層信任關係，就算在交涉現場有了結論，一旦對方內部否定這項結論，負責人恐怕也會立即屈服。

3 站在對方的立場思考，讓他們有戰利品可以帶回公司交差。例如，適時提出不是那麼重要的「讓步牌」，並運用話術讓對方覺得超有價值。

4 若談判負責人堅守背後決策者提出的條件，可視情況跳過負責人，直接和決策者溝通，以利交涉順利開展，之後再向負責人道歉即可。

5 好好把握對方更換談判負責人的時機，因為新任負責人可將交涉不順利的過錯，全推到前任負責人的身上；我方可利用此機會和新任負責人溝通，加速完成交涉，讓雙方更快取得自己想要的結果。

14

道歉，是你控制狀況的第一個動作

——道歉得靠技巧，但做一次就夠

在談判桌上，**有技巧的道歉**是很重要的交涉武器，這將是你**控制狀況的第一個動作**。特別是牽扯到糾紛的交涉場合，道歉得宜與否，通常會大大影響交涉結果。

實際上，無論是日常生活或商業場合，發生糾紛時，很少只有其中一方有錯。除非是第一次見面的人，二話不說就朝你揮拳，這種極端的情況自然另當別論。但就大部分的案例而言，雙方在發生糾紛的過程中，或多或少都有不對的地方。

然而，交涉若演變成互相指責對方的不是，原本引起紛爭的問題就會再次被扭曲，並加深雙方的對立，到時恐怕連坐上談判桌都有困難。

話雖如此，**你也不能動不動就向人道歉**。特別在國際商場上，輕易道歉很可能會毀了全局。基本上，多數國家都認為**道歉就等於承認自己的過失**，至於在訴訟主義至上的美國就更不用說了。一旦被對方這樣認定，他們就會不斷逼迫：「你不是已經道歉了嗎？為什麼還要解釋那麼多？」最後只得被迫吞下不利的結果。

話雖如此，如果因為這樣就拒絕道歉，也是行不通的。僵持著不肯低頭，只會讓膠著狀態持續下去，無異於杜絕所有成功交涉的機會，造成更大的損失。

一張沒什麼賺頭的合約，卻被要求天價賠償

我來分享我的經驗。過去我曾擔任某家日本塑膠製造商的談判負責人，對方是美國一家小型禮品店。引起糾紛的合約內容，源自於製造商將製造過程中產生的不完整塑膠紙，以便宜的價格提供給禮品店。對禮品店來說，雖然這些塑膠紙不完整，但由於品質良好，還是可以用來包裝禮品。

而就這家日本塑膠製造商的立場來看，這份合約真的只是小事一件。美國禮品店購買了他們本來就要丟掉的垃圾，且賣價便宜到跟免費贈送差不多，儘管沒什麼賺頭，但能賺錢當然好。然而，當日本製造商後續因為產線調整等原因，導致這些不完整的塑膠紙大幅減少時，原本穩定提供的貨量便因此減少了。

每次發生這樣的狀況時，美國禮品店都要求他們履行合約，但日本製造商並沒有給予適當回應。就在接連幾次提出違反合約的申訴卻未果之後，禮品店被惹火了，要求高額的損害賠償。為此，製造商的態度也強硬了起來，因為與合約內容相較，對方要求的賠償金太高了。談判最終演變成互不相讓的局面：美國禮品店表示要提出訴訟，日本製造商才緊急找我擔任談判負責人，代替他們和對方交涉。

當時的交涉過程相當不順利。製造商違約是事實，所以日方已打算老實支付賠償金，但他們認為，賠償金額**最多應該只到對方要求的三〇%**。就我看來，客戶計算的根據相當合理，是美國禮品店太沒有常識了。

即使是這樣，不論我如何詳細說明，禮品店仍然連一毛錢都不打算降低。反而我越仔細說明，他們越是擺出強硬姿態，堅持要提出訴訟。

雙方互不相讓的背後，往往還有故事

為什麼會演變成這樣的局面呢？看著美國禮品店如此怒氣難平，我決定好好傾聽他們的理由。原來，對禮品店來說，這紙合約也代表了自家的理想，用高品質的塑膠紙，用心做出讓顧客開心的裝飾品，是他們創業至今的最大初衷。

然而，日本製造商卻沒有好好地履行合約。不只這樣，他們的回應態度更讓禮品店覺得，製造商的心態是「這份合約對我們來說根本不算什麼」。**店家覺得自己的夢想被狠狠踐踏了**，深受傷害之下，自然為此怒火沖天。

實際上，禮品店也知道自己提出的賠償金額非常不合理，但除此之外，沒有別的方法可以讓他們發洩憤怒。對他們來說，錢反而不重要。就算真的鬧上法庭，判決結果大概也會被調降為日本製造商預先計算出來的金額，禮品店**等於白忙一場**。

在這種情況下，除了誠心誠意道歉之外，沒有別的方法了。即使禮品店並沒有要求道歉，但顯然製造商不釋出誠意，這場紛爭是無法和解的。於是我提議：「可否先進入調停程序，不要立刻就提出訴訟呢？」我認為，**只有在調停現場讓製造商表現誠意，雙方才有機會和解**。

最後，因為我一直認真傾聽、仔細理解禮品店的想法，他們也考慮到了我的立場，即使面對製造商的態度仍然強硬，但至少願意退一步接受我的提議了。

然而，製造商的道歉為時已晚，後來調停失敗，還是進入了訴訟程序。雖然最後判決是我方有理，但對於目的只是想教訓製造商的禮品店來說，這絕對不算敗訴。為什麼呢？因為對製造商而言，他們現在除了必須耗費心力面對這樁訴訟，還得再支付高額的訴訟費用。

道歉一次就夠，讓對方轉移焦點到解方上

從上述案件可以清楚地知道，為了讓交涉的進度能不斷往前邁進且更具建設性，**道歉的技巧**不可或缺。

首先，**道歉的時機**很重要。假如犯錯的是我方，那麼一旦發生糾紛，最好盡速道歉。錯失時機之後，對方可能會突然轉變態度，演變成彼此無法溝通的局面。更可怕的是，對方甚至會完全無視金錢損失，只想盡可能地傷害你。

其次，關於**道歉的範圍**，也需要嚴密地調查。像這樁製造商與禮品店的訴訟案例，日方不應該輕率地只針對自己違約一事道歉，而是要詳細確認整體合約內容，

確認究竟有哪些部分沒有履行責任。

最重要的是，道歉時應**考慮到對方的心情**。「對於無法完成您的要求，我們深感歉意，但這絕不是故意違背您的期望。」若是製造商能早早放下身段如此說明，或許對方的態度就不會如此強硬了。

此外，**道歉只要一次就好，沒有人需要從頭到尾一直道歉**。比起反覆道歉，盡可能**趁早提出對雙方都有利且可以解決問題的方法**才是最重要的。以前述的案例來說，製造商應該這樣說：「我認為雙方現階段最重要的問題是，如何穩定供應塑膠紙的貨量。我方在生產管理上的確有問題，今後會和貴公司一邊討論、一邊將內部機制調整到最好。」這樣一來，就可以把交涉的焦點**從「過去的錯誤」，提前至「未來的解決方案」**，順利轉移了討論的焦點，整體交涉也更具建設性。

適度的忍耐會為你帶來轉機

若能做到這樣，道歉就可以化為你交涉的武器。假設在道歉後，對方還是一味責怪，**這反而是給了我們機會**。因為我方已經誠心誠意地道歉，並對未來提出有建設性的方案了，對方卻還是不打算認真交涉。此時你可以**刻意轉換為較具攻擊性的語氣**，表示：「那我這邊也有話想說。」除了具體盤點對方的過失以外，最好也先準備好談判破局時的替代方案，並以此為前提來反擊對方。

當然，若可以不用打出談判破局這張王牌最好。最好的做法是，在對方平息憤怒前，都要盡量接受他們的情緒，一面表現出理解對方心情的姿態，一面耐心地傾聽。只要你握有談判破局這張王牌，就能從容地忍受這一切。

俗話說忍一時風平浪靜，**適度的忍耐的確會為你帶來轉機**。身為人類，任誰都無法一直生氣，只要能把自己的情緒宣洩出來，而對方也願意承受、理解，他總有一天會氣消，同時也會開始感到過意不去：「我是不是說得太過分了？」

這就是更高階的道歉技術，你可以**趁對方平息怒氣時，再次提出關於未來發展的建議，而他們為了消除自己心中的愧疚感，很有可能會順著你的提議走**。前述案件的禮品店之所以接受我的提案，願意先進入調停，沒有直接走訴訟，也是基於相同的心理狀態。

萬一道歉完畢、也等待對方平息怒氣一陣子了，他還是一味指責的話，那就只能冷酷地打出事先準備好的談判破局王牌了。此時就理論上而言，我方已占了優勢，就算因此讓對方更加怒火沖天，也只需要冷靜地說出：「我們已經誠心道過歉，也提出有建設性的方案了，**實在沒有必要再聽你們繼續抱怨下去。**」

在談判桌上，道歉絕對是必要的手段，但也不要輕率地道歉，而是要讓這樣的舉動，成為助長你達成目的的重要策略。

辣腕高手的交涉武器

1 在交涉場合上一定得學會道歉的時機與做法，且不可動不動就向人道歉，否則等於承認自己的過失，最終可能被迫吞下不利的結果。

2 若真的該道歉，就要盡快道歉，同時反覆確認合約內容，確認我方所有沒有履行的責任，並妥善安排對策。

3 道歉是你控制場面的第一個動作，但只要做一次就好，不需要從頭到尾一直道歉。與其一再反覆道歉，將討論的重點轉移到未來的解決方案更重要。

4 適度的忍耐有助於讓事情往好的方向發展。當對方終於平息怒氣之後，很有可能為了消除心中的愧疚而同意你的提議。

5 假如當你道歉完之後，對方仍然不肯收斂、不打算認真交涉，不妨重新板起臉孔，並在準備好替代方案的前提下，直接宣布談判破局。

15

絕不說謊，說謊必敗

——誠實為上，但太誠實只會讓對方撿到槍

交涉的基礎建立在**嚴禁說謊欺瞞**之上。任誰都有迷惘的時候，尤其是交涉不順利時，更容易產生這些想法：「乾脆把這個數字稍微糊弄一下，談判就會對我們更有利。」、「只要隱瞞這件事實，一切就沒問題了吧？」請大家千萬不要這麼做。

一旦你的謊言被揭穿，就會對我方陣營造成非常大的傷害。因為這樣的行為等於**白白送了一把槍給對方**，使自身陷於極度不利的狀況。我過去也有類似的經驗，談判對手刻意欺瞞，我發現之後便立刻拿來利用，進而取得有利我方的條件。

那是一件日本某製造商的交涉案，我以談判負責人的身分，替他們向海外企業提告**某項產品侵害專利**。因為對方不承認侵害我方專利，所以我們當場決定提出告訴。但這是因為我早已做足準備，確認這件事絕對能順利進行。在這之後，海外企業總算有了危機意識，向我方提出了和解。

徹底利用對手的欺瞞，達到你的目的

我仔細地讀過他們提出的和解案，整體內容看起來是完全配合我方的要求，但是我注意到一句奇妙的文字。對方沒有寫得很刻意，讀起來也不會不通順，但我對這句話非常在意。

就我過去的經驗，像這樣**令人納悶的文字通常隱藏著重大的涵義**。為什麼要在這裡放進這麼一句話呢？最後我終於讀懂了，這句話的意思是「關於其他的產品，不在這份和解案的範圍內」。

這就是所謂出其不意，攻其不備。當然，對我們來說，想要爭取的不只是此次訴訟對象的產品，其他產品的專利被侵害，我方也不可能放過。然而對方卻沒有經過我們的同意，就這樣裝作不經意地在和解案中放進這麼一句話，打算**阻止我們後續可能的追討**。

頓時間我也火了，但後來想想，也許可以**將計就計**，**利用這點逼對方就範**。於是，我在交涉現場用強硬的口氣指出這個事實，對方似乎想要辯解，但仍在我的逼問之下，很不好意思地承認了他們的不良意圖。

事情演變成這樣，當然是我方占上風。除了責怪他如此不誠實的行為之外，也等於將對方準備侵害其他產品專利的詭計給揪了出來。

接著我逼迫對方：「由於這件事情太不尋常，**我們不得不合理懷疑，你們也有侵害其他產品的專利**。能否請你們同意我們詳細調查所有產品呢？」當然，對方也清楚，若是拒絕的話，和解交涉就會破局，屆時可能會在法院上遭到徹底追究。所以他們即使心不甘情不願，仍不得不接受我方的要求。

絕不說謊，這是談判的行規

後來，我要求對方提出所有產品的資料，有任何可疑的地方，就停下來當場逐一確認，必要時還要求他們提出更詳細的資訊。總之我方追究到底，完全不客氣，若是對方稍有反抗，我只要一句話就可以壓制他們：「誰要貴公司之前那麼狡猾？若不這樣嚴格要求，我們實在無法信任你們。」

就這樣，我方徹底利用他們的欺瞞行為，以壓倒性的有利條件，順利和對方達成和解。儘管本來我們在法院上就占有判決優勢，如今更是強烈感受到，揭穿對手謊言後所帶來的威力了。

同時我也再次確信，**儘管談判桌上鼓勵隱惡揚善，但千萬不可說謊**。想用小聰明來欺騙對方，風險實在太高了，當一切被揭發，就會被攻擊得體無完膚。

交涉的基礎建立在信賴關係上，所以我們必須誠實地和對方談判。或許有人會覺得，這種說法是冠冕堂皇的清高理念，但我不這麼認為。因為只要破壞了**交涉的行規**，就會遭到嚴厲的制裁，所以誠實地和對方交涉是必須遵守的原則。

不得欺瞞，但也不用真的知無不言

話雖如此，但我們也沒有必要過分老實。雖然在談判時嚴禁謊言和欺瞞，但你也不用真的知無不言。**假設對方明明沒有提問，那麼你就不要自己爆料，更沒有必要積極地公開任何不利自身的情報**。這種行為與其說是誠實，倒不如說是愚蠢。

例如，本節提到的海外企業談判案例，交涉的問題點在於某項產品的專利被侵害。說到底，這就只是一場針對該產品專利的交涉而已。只要我們沒問：「請問貴公司其他產品是否也侵害了我方專利？」他們就沒有義務自己認罪；就算之後我方發現其他產品也被侵權，也不能責怪他們為什麼沒有自招，畢竟我們並沒有主動提出疑問，對方當然也沒有告知的義務。交涉等於戰鬥，雙方都有自我防衛的權利。**只要不說謊，就可算是相當誠實的回應了。**

相較於此，若是對方沒有多問，你卻主動招供：「我們承認侵害了這項產品的專利。除此之外，也請你們看看這些產品，恐怕也難逃侵權的嫌疑。」會說出這種話的人，大概腦袋有問題吧？若是在學校，這種知無不言的行為，可能還會換來老師的一句稱讚：「真是個誠實的好孩子。」但在商場上，**大家對於過分老實的人可是一點都不手軟。**你如果老是這樣不打自招，只會被徹底追究，最後被迫吞下不利自己的交涉苦果。

辣腕高手的交涉武器

1 交涉時嚴禁說謊，這是談判的行規。否則一旦謊言被揭穿，就會被另一方攻擊得體無完膚。

2 合約上出現語意不明、讓人納悶的字句，通常都有問題。若你覺得怪怪的，就要問，很可能就此揪出對方的謊言。

3 當你發現對方說謊，不妨抓住這個機會徹底利用，以壓倒性的有利條件，達到我方的交涉目的。

4 交涉等於戰鬥，雙方都有自我防衛的權利。為此，不利己的情報無須主動告知。只要不說謊，就可算是相當誠實的回應了。

5 很多時候對方明明沒有提問，你就不要自己爆料，更沒有必要積極地公開任何不利自身的資訊。商場對於過分老實的人可是一點都不手軟。

第 4 章

實戰教學，從交涉中創造最大利益

16

談判時不可或缺的兩個重點

——你要和對方交涉什麼？要如何交涉？

交涉需要事先安排策略。大家必須先了解**交涉目的（即交涉的內容）**為何，並在過程中適時打出**讓步牌**，同時死守那些絕不能讓步的事項。若對方一直來踩你的底線，再打出**談判破局**這張王牌即可。但切記，打出王牌前，必須先準備好其他備案，如此一來，即使談判破局也沒什麼好怕的了。

若想確實完成上述步驟，就必須先決定要和對方交涉什麼，並藉此擬定具體步驟，否則很難有勝算。換句話說，光是討論交涉內容還不夠，你還必須謹慎地思考**交涉流程（即如何與對方交涉）**。這兩項重要的策略缺一不可。

大部分交涉想達成的協議通常不只一個，且大部分人都希望**一次達成協議**，以利後續談條件等細項，例如**「既然我已經先讓步了A，希望你也能在B上讓步。」**藉此達到雙贏的局面。但也是有一次即達成協議反而不利我方的情況。

視情況安排個別協議，以對你最有利的做法為主

以**離婚交涉**為例，身為商務人士的丈夫，和身為家庭主婦的妻子，兩人都同意親權歸後者所有，但雙方在**贍養費**和**探視權**上產生了糾紛。丈夫不願支付高額的贍養費，但強烈要求定期和小孩見面；而在妻子這方，則想獲得更多的贍養費。

在這個問題點上，最重要的是小孩的想法，若能考慮到這點，以丈夫的立場而言，他應該告訴妻子：「你若是不給我探視權，那我們也沒有必要再談下去了。」

顯然地，這兩個問題需要錯開來**個別協議**。為什麼？因為如果同時討論贍養費和探視權，妻子就可以緊抓住丈夫的軟肋（探視權）進行要脅：「你若是不提高贍養費，我就不讓你見孩子。」如此一來，丈夫勢必陷入必須犧牲其中一項的狀況。

而在另一方面，若是妻子想要趕快離婚、盡快解決這件事，她恐怕不會想聽到「我們沒有必要再談下去了」這種話，畢竟一旦雙方交涉失敗、對簿公堂，打離婚官司非常花時間。如果她不想拖下去，最後可能就得同意：「小孩若想見你，我可以讓你們見面。」這種情況對丈夫比較有利，但妻子則會失去本來可以用探視權威

迫丈夫提高贍養費的優勢。就像這樣，大家可以視自己所處的狀況，來決定究竟是要一次達成協議或是個別協議，只要能讓情況對自己更有利即可。

應該先從大議題或小細節開始談？

如果你選擇的是個別協議，那麼**交涉的順序**就非常重要。通常人們會希望從大議題開始，一項一項取得共識。為什麼呢？因為若是從細節處開始著手，雙方花了很長的時間好不容易一一取得共識，**若在最後的大議題無法達成協議，一切就會前功盡棄**。相反地，先在大問題上達成協議，之後再於細節問題上協調讓步，雙方也會比較願意妥協。

不過，也是有適合從細節開始交涉的場合。例如，雙方交涉某個產品的專利權使用合約（包含兩個以上的產品專利），交涉主題包括合約金額、合約期間、使用到哪項專利、產品的販售區域等。大部分的案件中，最重要的議題都是**合約金額**，所以通常會建議，先從大議題（即合約金額）開始談，後續再來討論細節。

但假如打算購買技術專利的**買方資本金不足**，這時候，反而**該從小細節開始討論**。先確認過所有商品的專利，再將不需要的專利排除，接著再交涉合約金額，這樣會比較有機會用更低的金額達成協議。

此外，在細節問題上取得共識需要花費最多的時間和精力，提供技術專利的賣方若不想造成更多**沉沒成本**（sunk coast，指已經付出且無法收回的成本），可能也會認為：「都已經努力到這個地步了，雖然對方提供的金額沒有我們預期得高，但是在這裡妥協也差不多了吧？」這就是比較適合從小細節開始交涉的情況。

利用進程計畫表預防對方拖延

交涉的**時程安排**也是重點之一。例如，假設你現在正在談一件大型工廠機械的採購案。賣方因為經營上的問題，希望買方無論如何都要在半年內付款，而且售價越高越好。附加條件是，只要可以在半年內付款，就算價格降低一點賣方也可接受。

像這種情況，若被對手發現你的本意是想在半年內拿到錢，會非常不利。因為對方能**以拖延交涉期間為由向你殺價**。所以思考如何在短期間內達成協議之餘，也必須小心不要讓對手發現我方的弱點。

若換成我是賣方，我會積極地向對方喊話：「相信貴公司也希望這項投資計畫能順利進行，所以我們會盡最大的努力，讓這份合約早點結案。」我也會同時提出具體的交涉流程。重點來了，**在正式協商之前，就要先安排好這場交涉最遲應該在何時結束**，並且利用進程計畫表來預防對方的拖延。

此處的重點是，雙方必須坐下來面對面開會。交涉這種事，儘管用電子郵件或是電話也可以進行，但前文也提過，在決定重要事項時，還是要當面談比較妥當。

若想要快快結束交涉，**最糟糕的狀況是被動等待**。最常見的錯誤做法是，很多人會先以電子郵件或電話確認雙方要求，再來決定會議日期，這麼做只會導致計畫表上的進程不斷被延後。一旦計畫表無法如期進行，我方就不得不在售價金額上讓步，以達到早點結案的目的。

為此，雙方見面時，你應該積極地表示：「讓我們一鼓作氣地進行吧！」然後向對方提議：「我們要不要**現在就決定會議日期**呢？設定在三個月之後好嗎？」

若是對方同意你的提議，他們為了要在約定的會議日期前做好準備，也會跟著寄電子郵件或打電話確認雙方狀況。如此一來，我方想在半年之內收到款項的弱點，不但不會被對方察覺，還可確保彼此能對等地進行後續交涉。

選擇有利的地點，主場、客場各有好處

談判地點的選擇也需要仔細思考。基本上，在**自家公司的會客室**進行交涉，會比較有主場優勢，人們在熟悉的地點會比較放鬆從容。相較於此，若是選擇在客場（對方的場子）交涉，精神上就會受到一定程度的壓迫。

話雖如此，在主場也有缺點。例如，如果在主場舉行會議的時間過長，一起出席的同事們很容易因為還有別的工作而不得不離席，造成我方人數變少的劣勢，最後反而陷入不利交涉的局面。另一方面，在客場就比較不容易發生這種情形。但基本上，交涉時還是**安排在主場比較有利**。

一般來說，通常都是由強勢的一方來指定交涉地點，弱勢的一方沒有選擇權。

換句話說，弱勢的一方經常會被迫在客場談判，可說在精神上也處於劣勢。

但在誰強誰弱還不明確的時候，第一次的談判地點選在客場，也可以有不錯的效果。**我方故意選擇對自己不利的地點，不但能表現出「我們一點都不畏懼這場交涉」的態度**，還能作為下次換成對方到你家公司開會的交換條件。如此一來，也算是取得了交涉的先發權。

靠著選擇交涉地點，反制敲竹槓的惡質律師

在跨國際的商業交涉現場，雙方開會的地點決定尤其重要。以下就以「集體訴訟」（class action）為例說明。集體訴訟是美國的一種民事訴訟，其中「集體」是指**群體中擁有共通點的人**，當商品發生售後不良等狀況，造成多數人受害時，一部分的被害人可代表全體人員提出訴訟（action）。

「部分被害人代表全體提出訴訟」這一點和日本有很大的差異，也是近年日本企業容易成為有心人士敲詐目標的最大原因。在日本，要提出集團訴訟得**事先徵**

求每位被害人的同意，再組成**原告團**，但美國的集體訴訟只要被害人沒有主動表示「我堅決不參加這場訴訟」，就會自動被加進群體中。

美國的這項制度經常會發生**訴訟者異常增加**的狀況，而且由於最後判決或和解的內容適用於群體內所有消費者，所以只要輸了這場官司，被告的企業可能得承擔極為龐大的損害賠償。

這樣的規定除了對被告企業是一大威脅之外，更危險的是，有些惡劣的律師會利用這一點大撈一筆。我曾碰過某企業被提出集團訴訟，請我代為回應對方。我調查原告團提出的資料之後，發現相當驚人的內容。原告團中聯名的有三位：負責擔任訴訟代理人的美國律師的住家維修業者、兩年前在這位律師的事務所工作的人，以及一位頻繁出入這間事務所的業者。

也就是說，這位律師**找了身邊親近的人充當原告**。如果他贏了這場訴訟，就可以向被告企業索取龐大的損害賠償金給其他多數被害人，而律師的報酬則會根據這筆賠償金來支付，換句話說，他可從中獲得巨額的酬勞。

這次成為被敲詐對象的，是一向不愛起衝突的日本企業。若真的是企業過失造成被害人的損失，我方當然必須真誠地回應這起訴訟，但如果是這種企圖海撈一筆的惡質律師，就完全不用客氣。我決定使出渾身解數和他們對抗。

「我得在日本錄口供，請幫所有的原告買機票飛過來！」

我想盡了所有的對策，其中一項正是：**選擇有利我方的地點**。由於美國法律有取得「口供證詞」（deposition）的規定，意即原告律師可以在法庭外向被告方的證人提問、進行取證，日本的美國大使館也在規定範圍內。

於是，我強勢要求**原告律師必須在日本的美國大使館取得口供**。這樣一來，原告團必須負擔機票錢、住宿費等費用，且一邊調適時差，一邊進行重要的司法程序。

對方或許會覺得這不是什麼大問題，但是我始終表現出「放馬過來」的堅定態度向對方施壓，再要求非常不利他們的地點，成功地**讓對方的戰力萎縮**。事實上，在那之後，我更成功地迫使對方的律師撤銷這項集體訴訟。交涉地點也許不是決定性的關鍵，但必要時，絕對能成為把對方逼到死角的強力武器。

辣腕高手的交涉武器

1 正式交涉前，必須先決定好兩個不可或缺的重點：交涉目的（交涉內容）和交涉流程（如何與對方交涉）。

2 大部分交涉都是傾向所有待討論的事項能一次達成協議，可加速談判進程，達成雙贏的局面。例如：如果我讓步A，也希望你讓步B。但有時也需要個別協議，將案子中的各個問題分別解決。

3 交涉的順序視內容而定，通常是從大議題開始討論，再於細節上協調讓步，雙方會比較願意妥協。但有時也適合從小細節開始，最後再回到大議題上。

4 正式交涉前，先預設交涉結束的時間，再主動向對方提議交涉日期，並擬定計畫表掌控進度、預防對方使出拖延戰術。

5 交涉地點選在主場或客場各有利弊。選主場，我方會比較從容，但可能出現夥伴中途離席的情況；選客場，我方精神上會比較緊張，但不必擔心人員減少。

17

利用錨定效應，將對方困在期望價格帶

——先讓對手出招，獲得更多牽制對方的訊息

談判時，應該由我方還是對方陣營先出招呢？這點是談判桌上非常重要的問題，因為最先打出的牌會產生**「錨定效應」（Anchoring）**。

錨定效應是一種**認知偏差**的心理現象，人們往往會被最先接收到的資訊困住而影響判斷。就像船錨抛下後，船隻會受到船錨限制而無法航行到牽制範圍外。這個**「最先接收到的資訊」就如同船錨**，人們受其影響後也會被制約。

以色列裔美國心理學家阿摩司．特沃斯基（Amos Tversky）和丹尼爾．康納曼（Daniel Kahneman）曾進行一項廣為人知的實驗。他們找來一批受試者，並詢問：「加入國際聯盟（編按：一九四六年由聯合國取代）的國家中，非洲國家占多少百分比？」同時，他們還做了一些設計，半數受試者被問的是：「此百分比是比六五%多，還是比六五%少？」另一半的人則被問：「此百分比是比一〇%多還少？」

最後，那些被問「比六五%多還少」的群組，回覆的答案平均值是四五%，而被問「比一〇%多還少」的群組，答案平均值則是二五%。這項實驗清楚地指出，六五%和一〇%**這兩個數字足以成為船錨**，大大影響受試者的判斷。

為什麼折扣商品寫出原價，會讓我覺得非買不可？

而在各種交涉現場中的例子，以**價格交涉**的案例最為典型。例如，店內的標價上寫「原價二十萬日圓的電腦，降價至十四萬日圓」，和標價上只寫「本電腦售價十四萬日圓」，兩者對消費者心理的影響就大不相同。**以二十萬日圓作為船錨，大多數的人可能會認為，十四萬日圓要再殺價應該很難**，最多再殺個一～兩萬日圓就是極限了；但如果以十四萬日圓作為船錨，大家就會覺得，我只要再多努力一下，說不定就能殺價到十萬日圓以下。此處的「原價二十萬日圓」就像交涉時的第一張牌，它會產生錨定效應，影響消費者的選擇。這種現象不只發生在價格交涉，而是**所有的交涉現場都有這樣的現象。**

談判時應該由誰先出牌？我建議先聽對方怎麼說

研究人員指出，交涉時**先出牌的一方比較有利**。若能先出牌，產生有利我方的錨定效應，也就有比較大的機會取得交涉優勢。但這樣的建議只是基於通例，實際情況仍要視交涉內容與前因後果而定。就我的立場，我反而認為**要讓對方先出牌比較好**，除非對方真的不願意，再由我方先出牌。

因為如果我方先出牌，很可能在不自覺的情況下，不慎說出了許多**超乎對方期待的訊息**，間接失去我方原本可取得的優勢。相反地，若讓對方先出招，他們提供的資訊很可能有利於我方。無論如何，先確認過對方的牌，再來決定我方的策略會比較安全。

有一次，我的日本客戶前來求救，他們被歐美企業控告侵害專利，若對方認真追究起來，他們恐怕會被求償十億～十五億日圓。何況這家歐美企業特別飛來日本交涉，絕對是來勢洶洶。沒想到，對方在交涉中的開價卻讓我大吃一驚。求償金額竟然只有兩千萬日圓，完全出乎我意料之外。當然，我當下仍維持凝重的表情，告訴他們：「我們願意接受這筆求償金額，待內部確認後再回覆您。」第一場交涉結束時，我和客戶不禁鬆了一口氣並相視而笑。

之後，我們思考了新的作戰計畫，討論「如何把求償金壓到兩千萬日圓以下，並讓對方爽快地同意」最後，我方以壓倒性的有利條件取得協議。

事後我不禁回想，如果當時是我方先出價的話，會變成什麼情況？通常這類案例都是對方先出牌，但如果我方想搶先的話，也是有方法可行。若是這件案子由我方先出牌，可能就會變成真的要支付數億日圓的賠償金了。為此我更堅信，**先出牌果然還是比較危險。**

對方拋出的賠償金額，通常都得打個五折

由對方先出牌時，我們就得假設他們一定會使用錨定效應作為心理陷阱，這對交涉專家而言是理所當然的常識。

我經手過的大案子中，**對方預想的妥協點多半落在開價金額的五〇%左右。**

例如被求償一億日圓時，實際金額大概可以壓低到約五千萬日圓。目前我仍然以這樣的概念與各方過招，幾乎沒有失敗過。所以，對於**對方出示的條件不用太認真看待**，反而是輪到我方報價時，最好也要設下錨定效應的陷阱。

此處的重點在於，**必須確認對方報價的依據何在**。只要掌握了這點，我方就可以準備足以制衡他們的證據，並出示極有利的條件對抗，這項情報可成為交涉中有力的船錨。

例如，我方因為侵害專利而被求償高額賠償金。假設這個金額，是對方**用過往對他們有利的判決案例為依據**所計算出來的，那麼我方也只要**以不利對方的案例作為根據**思考對抗策略即可。

又或者是，出示**完全不同依據的算法**也可以。假設以「一個產品的專利使用權為一百日圓」為標準計算，就能在掌握產品總銷售數的前提下，計算出賠償金的標準；倘若這個賠償金標準算出來很低，就能用來反制對手的錨定效應。

雙方互相拋出船錨，形成勢均力敵的情況後，交涉就正式開始了。再來就是一邊打出讓步牌，一邊找出雙方都能接受的妥協點。

主動拋出船錨，投出偏好球帶的壞球

此外，也會有**對方不願意先出牌**的時候。像這種情況，由我方先出牌、告知心中所想也是可行的。畢竟一直摸索彼此的底細也是浪費時間，**倒不如直接把你想要的東西講清楚**，反而可以從對方的反應中獲得更多資訊。

例如，這次交涉的議題是關於我方持有技術的使用權，不妨直接表明「無論如何，我們都不會接受**一億日圓以下**的條件」等。當然，這是為了讓對方產生錨定心態所決定出來的金額。

若是我方的談判破局底線設定在六千萬日圓，那麼一億日圓的報價當然已經大幅超過。此時要小心，如果設定的金額太誇張，也可能導致對方的態度轉變，甚至突然打出談判破局的王牌反將你一軍。

為此，設定報價金額時要**先查過市價**，**再投出「偏好球帶的壞球」**。若你只投好球，無法讓對方產生錨定效應；後續再投出明顯的壞球，他們也不會上當。只有偏好球帶的壞球，才能有效發揮船錨的功用。

投球（拋出船錨）之後，你要接著緊盯對方的反應。

他是表現出**很猶豫的樣子**（「嗯，一億日圓啊？」）；還是露出**吃驚的模樣**（「什麼！一億日圓？」）用你的五感神經觀察對方所有的表情。關於這一點，我已練就得極為純熟，只要觀察對方的神情、動作、聲音，就可預想他們大概的妥協點，再以此來擬訂談判策略。

如果對方的反應相當猶豫，大概就可以預設他們的目標是七千萬日圓左右。這樣的話，就繼續踩著一億日圓的報價作為底線，一邊模擬如何打出讓步牌，讓最終協議可以落在七千萬日圓。

逐漸縮小讓步幅度，以帶有零頭的金額作結

在此仔細說明一下讓步牌的使用原則，你得**在一開始就做出最大的讓步幅度，之後再漸漸縮減**。若能站在對方立場思考，應該不難理解這樣做的好處何在。當讓步幅度越來越小時，對方便會開始不安：「他們可能無法再讓步更多了。」、「我們

再不妥協的話，對方是不是會宣布談判破局？」**隨著讓步幅度越來越小，對方越能感受到壓力**。

若以前面這個交涉案例為例，一開始就可以從一億日圓讓步到八千五百萬日圓（一口氣砍了一千五百萬）；對方若還是不能接受，再縮小讓步幅度到八千萬日圓（這回只砍了五百萬，幅度變小）；在接近你心目中的底價七千萬日圓時，就提出「七千三百一十萬日圓」這種**帶有零頭的數字，效果會更佳**。對方也會判斷，這個數字差不多是交涉的極限了。

然而，這終究只是狀況模擬。在交涉現場，基本上大家都無法讓一切的交涉過程全如自己的預期進行。我們需要**一邊觀察對方的出手狀況，一邊改變作戰策略**。但唯一可以確定的是，若你事前毫無規畫，就絕對無法贏得交涉。

辣腕高手的交涉武器

1 交涉時建議先讓對方出招，確認過對方出什麼牌之後，就能掌握他們的資訊，接著再來決定我方策略。

2 就大部分討論賠償金額的案子而言，對方預設的妥協點多半落在開價金額的五〇%左右，可以此作為目標。

3 確認對方報價的依據後，我方就能從容準備足以制衡他們的證據，出示極有利的條件與之對抗。

4 對方不願意先出牌時，也可以由我方先出牌、明確告知我們想要什麼，再從對方的反應中獲得更多資訊。告知之前，要先查過相關資料再投出「偏好球帶的壞球」，觀察他們的反應以判斷大概的妥協點。

5 使用讓步牌時，建議一開始就做出最大的讓步幅度，再漸漸縮減進逼，使對方不安，並在壓力之下妥協。

18

從「對我方最不利的事實」開始思考

──站在對方的立場檢視弱項，然後繞開它

談判桌上彼此互相爭論的最大基礎是，任何論述都必須**以事實為根據**，不論你的主張多麼有道理，只要依憑的事實有誤，馬上就會站不住腳。又或者，儘管你認為自己的主張合乎邏輯，但只要對方提出事實來推翻你，你的立場就會頓時崩盤。總而言之，**交涉靠的不是能言善道，唯有事實才能給我們強大的力量**。換句話說，鐵證如山的事實，才是最強的交涉武器。

前幾天發生一件小事，讓我重新認知這個道理。那是我到某家會員制酒吧消費時的事。入店後，我走到窗邊的座位想坐下，店員走過來對我說：「客人，您這樣讓我們很困擾。」因為我穿了一件沒有領子的襯衫，違反了店家的穿著規定。

雖然我穿著無領襯衫，但至少有套上正式的夾克，所以我不認為會破壞這間店的氣氛。於是，我很客氣地和對方說：「我不知道違反了穿著規定，以後一定會注

意。今天是否可以通融我入店？」

但店員的態度非常冷淡：「我們有入店的穿著規定，您必須遵守規矩。」我有點不悅，不經意地環視了一下店內。事實擺在我眼前：距離我十公尺左右的一名女子，也穿著沒有領子的襯衫。我問店員：「那位女士的襯衫也沒有領子呢。」

「咦？」店員非常驚訝地看向我說的那名女子後，露出不妙的神情。但他立刻改口並補充，店內的規定是「女性可以不用穿著有領子的服裝」。

我看著他的表情，**直覺他在說謊**。

「真的嗎？」我試圖動搖他：「如果貴店真的有這樣的穿著規定，我倒想知道為什麼要在男女之間做區別？這樣真的沒問題嗎？」說到這裡，他總算屈服了，無奈地表示「下次請不要這樣穿」之後，便引導我入座。

充分掌握事實，便能攻其不備

這位店員以店內規定為依據，持續主張自己的意見，但當我提出**與規定互相矛**

盾的事實，也就是「店內有穿著無領襯衫的女顧客」之後，他便不得不收回自己的主張。雖然這只是件小插曲，卻讓我再次明白以事實為根據的重要性。

交涉時也是同樣道理。大家都知道，所有的交涉都必須先**充分掌握相關事實**之後才能開始。也就是說，交涉必須以累積客觀的事實、明白實際的狀況為前提。

所有曾經發生過的事情、對方需要你協助善後的細節，都必須**正確並徹底地掌握，甚至所有留下的證據都必須親眼確認**。這些證據包括和對手往來的電子郵件和收發信時間，如果當事人沒有留下當初的對話，也應該盡可能親自詢問相關人員以了解實際狀況。這麼做可以幫助你追究事發原因、擬定解決策略，**建立起談判桌上所有爭論的基礎**。當你確實掌握所有事實之後，這些都會成為你的武器。

萬一對方只拿出對自己有利的事實，單方面攻擊我方，你只要提出另一項於對方不利的事實，就可以讓他們閉嘴。又或者，當**他們對事實有誤解時**，就是很好利用的一點。即使對方只是在小細節上有錯誤認知，但你若能指證出來，就可以**有效降低對方發言的可信度**，並給法官留下不好的印象：「像這樣連基本事實都無法掌握的人，我們如何相信？」發言失去可信度的人，在談判桌上也勢必失去力量。

想說服老闆加薪？先站在他的立場想

不過，在事實的處理上有一點要注意。人類通常只看自己想看的事物，所以就算事實只有一個，**自己看到的和對方看到的，卻常常不一樣**。你如果沒有這樣的認知，一味逼迫對方接受自己認定的事實，交涉將無法順利進行。

例如，員工A不滿自己的年薪只有五百萬日圓。他對工作相當有熱誠，表現也比其他人好，但因為公司採傳統工資制度，那些表現明明比A差的中高年員工薪資還比較高；若換成與其他同業的同齡員工相比，A的薪資也還是比人家少，他為此感到相當不滿。

然而，老闆想的是公司經營狀況越來越差，**人事費用是沉重的負擔**。年薪五百萬日圓這個事實，對A來說太少，對經營者來說太高。在這樣的狀況下，如果A直接跑去和老闆談：「我的表現比其他人好，年薪卻只有五百萬日圓，我覺得這樣太少，請幫我加薪！」結果會如何？老闆一定會當場變臉：「你在說什麼？在公司經營那麼嚴峻的時候，這薪水已經很高了！」交涉成功的機率可說是零。

那麼 A 該怎麼做？我認為，在交涉之前，應該**先站在對方的立場來看年薪五百萬日圓這件事**。老闆如何看待這個事實？你可以調查公司的經營狀況或整體的人事費用，也可以問問資深員工：「老闆對於員工的薪資是怎麼想的？」蒐集完這些資訊後，重新站在老闆的立場思考，你應該會發現，**老闆和自己認定的事實是完全不一樣的狀況**。然後，你必須**接受他眼中的事實，並藉此設計一套說服對方的理論**。

例如，你可以這麼提案：「我的年薪是五百萬日圓，考量到公司的經營狀況，我相信這絕不算便宜的薪資，但和其他公司的水準相比，的確比較低。這樣下去，**公司也很難聘請到優秀的人才吧？**不過，如果公司將薪資制度改成業績抽成制，不但不會影響整體人事費用，也可將工作表現回饋到員工身上，您覺得如何？」

如此一來，老闆就會比較願意傾聽員工的想法。至少比起強迫老闆接受你這方認定的事實（「我的表現比其他人好，為什麼年薪只有五百萬日圓？」），調整過後的說法明顯更具建設性。

把「這當然，但是」掛在嘴邊

在我每天面對的國際交涉現場，同樣得以事實為依據，並以對手的角度思考。我們要先掌握和交涉有關的所有事實，再站在對手的立場，想像他們所認定的事實是什麼狀況。然後，**找出對他們來說最有利的事實（對我方來說，則是最不利的事實），再以繞開這個對我方最不利的事實為前提，擬定說服對方的內容。**只要能做到這樣，就可凌駕於對手之上。

所以我在談判時經常會把「這當然，但是……」（Of course, but）掛在嘴邊。在說出「這當然」之後，我會先主動陳述對我方最不利的事實，**接著再以「但是」帶出足以推翻上一句的事實**，發表我方的論點。

如果只蒐集對自己有利的事實進行辯論，當對方舉出對你不利的實證攻擊時，你一定會馬上敗下陣來。因此，想要在談判桌上獲勝，必須以我方最不利的事實為出發點，然後繞開它，並擬定相關辯證策略。而為了找出對自己最不利的事實，就必須適時站在對方的立場，重新思考他們究竟掌握了什麼關鍵。

換句話說，**站在對方的立場思考，是一種能自由自在切換觀點的技能**，你會擁有更寬廣的大局觀。

自由切換雙方觀點，哈佛法學研究所這樣教

我過去就讀哈佛法學研究所時，便曾認真鍛練過這門技術。

課堂上，教授會以過去的判決作為案例，並詢問每個學生：「**如果你是原告，會如何辯論？**」那名學生答完後，教授會立刻問同一名學生：「**那麼如果你是被告，要如何反辯？**」無形中，我們練就出可在原告和被告之間切換觀點的本領。這是支撐我這份律師工作的基礎，因為自由切換觀點和站在對方立場思考的能力，對交涉或訴訟來說，都有不可或缺的重要性。

有些人或許會感到意外，哈佛法學研究所幾乎不教法律條文，這是因為**美國各州都有自己的法律**，所以要成為哪一州的律師，就需要學習當地的法律。正因如此，學校才會將教學重點，集中在開發律師必須具備的技能，培養交涉和訴訟的能力。

不光是律師需要學會這門技術，任何人都需要進行這樣的練習，我最推薦的是**職場角色模擬**。將團隊分成我方的談判負責人和客戶方的談判負責人，試著模擬交涉。第二次再將雙方互調，再模擬一次。如此訓練之下，必能磨練出站在對方立場思考的本領，交涉能力也將進步飛快。

辣腕高手的交涉武器

1 交涉前務必徹底掌握事情發生的經過，並確認所有證據；若手邊沒有證據也得盡力蒐證，如此才能追究事發原因、擬定交涉策略。

2 當對方出現與事實相違背的錯誤時，我方便能積極利用此點，降低對方發言的可信度。

3 擬定交涉的策略時，必須從「對我方最不利的事實」開始思考，然後繞開它。此時需要重新站在對方的立場思考，設計一套說服對方的理論。

4 找到對我方不利的事實後，就要把「這當然，但是」掛在嘴邊。在「這當然」之後，先主動陳述對自己最不利的事實，接著以「但是」發表我方的論點，將不利的事實推翻。

5 平時可以用職場角色模擬，練習切換不同的觀點。例如將團隊分成我方與對手方，模擬談判桌上的交涉，之後將雙方互調再練習一次。

19

影響人們判斷的不是理論，而是情感

——雙方僵持不下時，就從情感面下手

交涉是一項決策遊戲，達成協議也好，談判破局也罷，都是由現場的談判當事人做出的決策。雙方都是在意見拔河，誘導對方做出對我方有利的決策。

這個決策是如何定案的呢？我認為，關鍵其實在於**情感因素**。有的人可能不願意接受這種說法——應該是**認同了對方的理論**，才做出這樣的決定吧？的確，理論占了非常重要的位置，但是影響決策的關鍵因素並非這些冷冰冰的論述，而是人類的感情。更確切地說，**在情感面前，我們講再多道理都沒有用**，這是我在眾多交涉現場得到的結論。

以下是一件讓我印象深刻的案子。日本製造商和中國大企業之間發生糾紛，我以日方談判負責人的身分出面交涉。為了鞏固公司的主張，兩方都準備了強而有力且完備的論辯，但這場交涉進行得非常不順利，雙方關係逐漸惡化，誰也不願意讓

步，也找不到可以折衷之處。最後，交涉**延宕了三年之久**，完全沒有任何進展。

這起紛爭後來進入調停程序。前文提過，調停人是公平的第三方，會在關係對立的兩方之間找出妥協點，協助和解。若雙方經過調停還是無法和解，談判就會破局，進入司法程序繼續抗戰。也就是說，調停程序是攸關雙方要和解或訴訟的重要階段。

我如何將亦敵亦友的調停人，變為強力的夥伴？

當時被選為調停人的，是一位在美國數一數二、非常厲害的專家，他處理的紛爭場合多到數不清，可說是專家中的專家。身為調停人，他也實際解決過無數困難的事件，深受法律界尊敬。

對我而言，這位專家也是我在調停現場的對手。但在那樣的場合裡，他有可能成為夥伴，也有可能變成敵人。只要他能夠認同我的主張來進行調停，就是最強力的夥伴；相反地，他若是贊同對方，恐怕就會企圖說服我們，這樣就真的會是最麻煩的敵手了。

調停當天，我帶著些許緊張的心情前往會場。調停程序從早上九點開始，雙方被安排在各自的房間，彼此不會見到面。調停人在兩個房間之間來回穿梭，傳達彼此的意見，試著在過程中找出妥協點。

這段期間，大家連午餐時間也沒有休息，來回攻防了好幾次，狀況還是停滯不前。**我把調停人視為我方的人**，不斷向他傳達我方主張的正當性，他則是安靜傾聽並表示理解。然而，中國企業方始終不願意讓步。和我一同出席調停的十位成員，也開始不耐煩了。

過了傍晚五點半，事情終於有了變化。調停人在下午四點聽完我方意見、離開房間之後，過了一個半小時都沒有回來。我心想，**他一定很堅定地向對方傳達我方的主張了**，此時應該在另一個房間逼對方做出結論吧？畢竟他都表示完全理解我們的立場，應該不會有什麼問題才對。

又過了三十分鐘，時間來到下午六點，大樓內部依規定把冷氣關掉了，但調停人還是沒有回來，對方想必是非常激烈地反抗。既然調停人已這麼努力地為我們交涉，現在也只能靜靜地等待。

晚上七點、八點、九點都過去了……調停人離開我方房間已經五個小時，卻還是沒有回來。大家已經超過極限了，冷氣被切掉後，室內充斥著令人難耐的熱氣、濕氣以及煩躁的情緒。仔細想想，從用完簡單的午飯到現在已經九個小時了，我們完全沒有吃東西。

又熱又累又餓，足足等了六小時，終於有了結果？

「好熱、好累，肚子又餓，好想回家啊……。」雖然沒有人說話，但想必大家都是一樣的心情。此時有人提議：「如果我方的提案讓對方覺得太困難的話，**我們稍微妥協也沒關係吧？**」於是我設定了幾個條件，大家也表示同意。

之後又是一段痛苦的等待，終於到了晚上十點，調停人來了，依然不帶任何表情地說：「對方無法答應你們所有的主張，但可以接受這些條件，我已經整理成這份和解案了。」

我看了一下和解案，的確不是最完美的內容，但對方讓步了他們一直以來頑強抵抗的部分，甚至幾乎接受了我剛剛才設定的幾個條件。世界一流的調停人如此不屈不撓地為我們交涉，我方應該也沒有必要再堅持下去了，最後我們同意了這份和解案。就這樣，耗時三年的交涉宣告結束，我們向調停人道謝後，終於安心回家。

搞半天原來我們被騙了！

隔天，我得知了非常驚人的真相。

我致電給對方的律師，想為和解一事打個招呼。我在電話中慰勞雙方這三年的辛勞之後，心無城府地向對方說：「昨天真是場艱難的調停，調停人從下午四點開始，就在你們房間談了六個小時！他到底談了些什麼？」沒想到，對方律師非常驚訝地回答：「**他從下午三點半之後，就沒有進來我們的房間了**。怎麼？他不是在你們那邊彙整和解案嗎？」我頓時嚇到目瞪口呆。

這是怎麼一回事？

但沒過多久我就明白了，**我們完全中了調停人的技倆**。他根本沒有花六個小時在說服對方，而是在自己的休息室裡休息。這恐怕是他專門用來解決難纏糾紛的一流戰術。我回想前一天發生的事，不得不讚嘆他的高度智慧。

首先，他安靜地傾聽雙方的想法，同時表示了理解和認同，如此一來，就能成功地**讓兩方都認為「調停人是站在我方這邊的人」**。之後，他盡可能找出雙方勉強可以折衷的妥協點，彙整成有協調作用的和解案。然而，這可是歷經三年都無法解決的紛爭，要讓彼此完全接受條件，根本不可能。

於是，**他改從情感面下手**。他讓我們雙方都認定他是自己人，之後就將大家晾了六個小時，讓雙方都誤解這位一流調停人正在為我方努力奮戰。此外，這六個小時的悶熱、疲累和飢餓，更有效地削弱了大家的戰鬥力。

感情將吞噬理性，情緒會取代邏輯

坦白說，我非但不認為這項戰術奸詐，反而覺得調停人非常了解人性。最後的協調結果也顯示，這是非常有技巧的交涉技術。如果他整理出來的和解案是在下午三點就拿出來，會是什麼情況？那時候大家都還有旺盛的戰鬥力，應該只會繼續堅持己見、不願妥協地擬定新對策吧？換句話說，雙方在這種情況下拿到和解案，彼此的分歧反而會越來越深。

調停人可能也早就料到，這樣下去不會有結果；倒不如**利用雙方的情感面，引導大家做出決定**。如此一來，兩方都會乖乖吞下原本完全無法接受的和解案，不愧是數一數二的超級調停人。

雙方僵持不下時，就從情感面下手，這是在交涉時不可以忘記的真理。**人們在交涉時，會依照自身期望做決定，所以常會用道理說服對方**，這點固然重要，但我們**也很常忘記，對方一定也有自己的一番道理**，導致雙方一直處於兩條平行線上，永遠沒有交集。

此時，交涉專家會拿情感當武器。無法光靠道理做出結論時，最終下決策的關鍵就是情感。它將吞噬所有的理性，並讓情緒取代邏輯，為我們做出決策。

辣腕高手的交涉武器

1 交涉是一項決策遊戲，雙方都企圖用自己的一番道理說服對方，想讓事情照著自己的計畫走。但決定人們行動的，永遠都是情感而非理論。

2 交涉時，光顧著用道理說服對方，可能永遠無法讓雙方產生交集。必要時必須拿情感當作武器，可有效影響對方做出決定。

3 交涉時的調停人一定站在公平公正的立場，但為了讓雙方都能取得最大利益，他們有時也會做出一些出人意表的招數，不可不慎。

4 有時你以為調停人忙著在替我方爭取權益，但很有可能他正在玩兩面手法，並成功地讓對手也這樣以為，以藉此加快調停速度。

5 感情將吞噬理性，情緒會取代邏輯，在情感面前，我們講再多道理都沒有用；冷冰冰的論述終將不敵一瞬之間的情感衝動。

20

雙方都覺得吃了點虧，才是最好策略

——沒輸沒贏，就是雙贏

本書已反覆提及，交涉之前就必須先決定談判破局的底線，我們必須清楚知道絕不能讓步的事項為何，再為了守住這些條件而擬定各種策略。當對方堅持要來踩你的底線時，大方宣告談判破局也無妨。

針對這點或許有人會質疑，以談判破局為前提思考，或許可以防止自己過度讓步給對方，但這麼做真的能達成雙方協議嗎？比起讓談判破局，不是應該多投注心力去思考如何達成協議嗎？

我認為，只要雙方都清楚自己談判破局的底線在哪裡，**以「守護底線」為前提所擬定的策略，最能激發出達成協議的智慧**，而且一定會是更好的解決方案。

在談判桌上，很少人會一開始就明講自己這方談判破局的底線是哪裡，但隨著討論持續進行，彼此互相打出讓步牌，再怎麼愚鈍的人也**猜得出對方的底線**，同時明白自己應該很難說服對方降低標準。接著，當讓步牌已經出得差不多時，就會面臨談判破局或無法達成協議的緊張局面。

真正的交涉，其實是從這裡才開始。因為雙方都了解達成協議的優勢何在，才會耗費大量的精力持續纏鬥到現在；也非得等到彼此都面臨岌岌可危、瀕臨談判破局的情況，才會拿出真本事施謀用智，激發出從未想過的**解決創意**。

最具創意的解方，總得等到危急存亡之際

我有個客戶曾經違反合約，被合作公司要求賠償。以我方來說，違約是事實，我們也願意賠款，但我們認定的賠償金額，和對方所認知的有相當大的落差。我方因為**現金流管理**的限制，能支付的金額有限，這條底線無論如何都無法退讓。

在交涉現場，雙方彼此打出讓步牌，針對賠償金額持續議價，但還是不斷撞牆。當我方提出幾乎等同於對方底線的最大讓步金額時，對方仍毫不領情地拒絕。這樣下去，對方將不得不提出訴訟，若是進入訴訟程序，我方也只能做出**停止交易**

的回應。如此一來，就會造成雙方嚴重損失。換句話說，當下已是危急存亡之秋。

我們拚命想辦法，最後有了一個妙招：賠償金沿用我方提出的「逼近談判破局底線」的金額，但相反地，我方進貨給對方的商品售價，則壓低到幾乎等於我方的成本價（大約是幾億日圓的降價幅度）。就對方的立場來看，進貨價調降的部分可貼補我方賠償金的不足；對我方而言，此舉也能減低對公司現金流管理的影響。

好不容易想出了妙招，對方卻猶豫了。他們會有這樣的反應也是理所當然，畢竟我們提出的賠償金額，大幅低於他們一開始期望的數字，但如果仍拒絕這個提案，談判就絕對會破局。

「看樣子，還是接受這個提案比較有利吧？」我認為他們可能是這樣想的，所以最終還是接受了這個妥協案。

就這樣，我們非常艱辛地在幾近談判破局時取得共識，和平地把問題解決。

我認為這場談判有兩個重點。**第一，雙方都面臨談判即將破局的緊急關頭**。所謂急中生智就是這麼一回事，人們總在碰到「不趕快解決問題不行」的局面時，才會激發創意，腦中突然蹦出從來沒想過的方法。

第二，雙方都準備了堅定的談判破局王牌。對方已打算提出訴訟，我方也有停止交易這張牌可出，所以彼此巧妙地牽制對方，無法輕易宣布談判破局。正因如此，對方最終才不得不接受我們提出的方法。

我碰過無數件類似的案例，所以明白我方必須清楚知道哪些是「絕不能讓步」的事項，以及為了守住這些底線，必須如何謹慎地擬定策略。

談判破局的底線越是堅定，彼此越能正面迎擊。當雙方勢均力敵，面臨緊急關頭時，就會激發出充滿創意的解決方法，也就有很大的機會取得共識。

雙方都吃虧，竟是最好的協議？

在美國，人們經常這麼說：「雙方都覺得自己吃虧，就是好協議。」這個說法我非常感同身受，特別是在**談判快破局時才取得共識的局面**，此時的結果大部分都是**雙方皆吃虧**。

以前述的案子為例，我方除了要負擔對方的底線賠償金之外，還得大幅降低商品售價，對我方來說絕對是極大損失。而在另一方面，對方也覺得自己吃虧，雖然他們可以用便宜的價格購買產品，但能得到的賠償金卻比當初預想的少很多。

然而，**這其實是雙贏的局面**。我方雖然吃虧，卻能達成最初的目的，把對現金流管理造成的影響降到最低；對方儘管覺得在賠償金額上吃虧，但把商品進貨價的折讓加進去之後，實質上也幾乎拿到當初設定的目標金額。別忘了，交涉是為了達成自己目的的必要手段，若以這樣的定義來思考，彼此可說是都贏了這場談判。

彼此都吃虧，乍看是沒輸沒贏，實際上卻是雙贏，這就是靠創意解決紛爭的最大好處。雙方為此急中生智、共同努力，這才叫真正的交涉。能夠做到這點的人，便可說是名符其實的談判專家了。

百年前的國際領土紛爭，也靠這招解決

日本有位非常值得驕傲的前輩，他就是以《武士道》一書聞名世界的思想家新渡戶稻造（一八六二～一九三三年）。一九二〇年，第一次世界大戰結束後，國際

聯盟成立，新渡戶稻造擔任第一任副事務長。他在任職期間，以創新的方法順利解決了瑞典和芬蘭之間發生的領土糾紛，被後人稱作「新渡戶裁定」。

發生領土糾紛的地方，是位於瑞典和芬蘭之間、由六千七百個島嶼組成的奧蘭群島（Landskapet Åland）。這座群島有相當複雜的歷史，它本來屬於芬蘭的領土，但是在一一五五年被瑞典征服後，大部分的居民意識，便傾向隸屬於地理位置較接近的瑞典。然而在一八〇九年，瑞典戰敗於俄羅斯，只好將芬蘭和奧蘭群島都割讓給俄羅斯。

第一次世界大戰開始之後，俄羅斯開始在奧蘭群島興建軍事基地，試圖控制北歐航道，藉此威脅瑞典。但是，在一九一七年爆發俄國革命之際，芬蘭成功從俄國獨立，同時奧蘭群島的居民也興起脫離芬蘭、回歸瑞典的革命運動。於是在瑞典和芬蘭之間，引發激烈的奧蘭群島歸屬問題。

就是因為奧蘭群島位於兩國中間如此重要的位置，光就國家安全面來看，勢必會讓兩國陷入棘手的緊張關係。然而，在雙方始終沒有進展的情況下，這場交涉就交給了剛成立沒多久的國際聯盟。

讓每個人都吃虧，就是所有人都贏

這個困難的問題該如何解決呢？新渡戶解決的重點如下：「芬蘭保有奧蘭群島主權，但是奧蘭群島享有自治權，以及繼續使用瑞典語的權利。」在國際聯盟的主導下，不但解決了歸屬問題，更頒布國際條約確保此島維持中立、永不得駐守軍隊，造就了奧蘭群島的獨特地位，實在是非常厲害的解決方法。

表面上看來，**三方都吃虧**：瑞典無法得到奧蘭群島的統治權，奧蘭群島也無法實現回歸瑞典的心願；芬蘭保有奧蘭群島主權，卻必須承認此島擁有等同於獨立國家的自治權。但不可否認這是個**三贏的解決策略**：國際條約中規定的中立地位和去武力化，解決了瑞典和芬蘭之間的國家安全問題，奧蘭群島也獲得由瑞典文化所建立起來的地域營運權。也就是說，三方都達成了目的，所有人都贏得了自己想要的。

聽說一直到現在，瑞典、芬蘭和奧蘭群島的人們都還是很感謝新渡戶。雖然他只是副事務長，可能無法說是他一人主導這個決定，但是身處事務局，他想必也是絞盡腦汁，在三方間來回交涉，才能想出這樣的解決策略。被稱作「新渡戶裁定」

當之無愧。日本銀行更於一九八四～二〇〇四年流通的五千日圓鈔票上，印上了新渡戶稻造的肖像作為紀念。

三方損一兩，但雙方都有得拿

嚴格說起來，「新渡戶裁定」的誕生，靠的應該是深植日本人心中的「三方損一兩」精神思想。

「三方損一兩」一詞出自日本寓言故事。江戶時代有一名叫金太郎的水泥師傅，他在路上撿到三兩錢，這筆錢的失主是木匠吉五郎，金太郎於是將錢送還回去。沒想到，吉五郎不願意收回，他認為錢一離手就不算是自己的東西了。

於是，負責裁定的官吏大岡越前拿出了一兩錢，湊足四兩錢後，分別將二兩錢交給兩位。這下子，金太郎和吉五郎本來都有可能拿到三兩，卻都損失了一兩，而本來與這起紛爭毫無關係的大岡越前也損失了一兩。**既然三個人都損失一兩，但雙方都有得拿**，那麼事情就這樣妥協了吧。

這點和美國常說的「雙方都覺得吃虧，就是好協議」相近，以我的經驗來看，這是全世界都認同的觀念。當談判當事人都正面迎戰，卻始終僵持不下時，**最終的武器就是「三方損一兩」的精神了**。新渡戶稻造的成功便足以證明，這是全世界共通的交涉武器。

辣腕高手的交涉武器

1 人往往在面臨岌岌可危、瀕臨談判破局的情況時，才會激發出從沒想過的解決創意，交涉也是如此。

2 真正的交涉，是從彼此都耗盡所有策略之後才開始。雙方為了拚個你死我活，便會拿出真本事施謀用智，卻也就此擬定出最好的策略。

3 在談判陷入僵局、雙方都各自堅持底線時，可以重新訂定「讓彼此都覺得吃虧，卻能達到各自目的」的新條件，大家便能取得共識。

4 彼此都吃虧，乍看是沒輸沒贏，實際上卻是雙贏，這就是靠創意解決紛爭的最大好處。

5 不論是美國的「雙方都覺得吃虧，就是好協議」或日本「三方損一兩」的精神，都足以證明「讓每個人都吃虧，就是所有人都贏」是世界共通的交涉武器。

結語
別因畏懼而談判，但絕不畏懼談判

交涉和堆沙堡很像。

大家小時候應該都有在沙灘上堆沙堡的經驗吧？沙堡很容易就會倒塌，害得你每次都得重新開始堆起。

若想順利完成心目中最理想的沙堡，**地點的選擇很重要**。如果選在離岸邊太遠的地方，沙子可能會因為水氣不足而過乾，無法堆成堅固的沙堡，所以盡可能靠近岸邊會比較好；但太接近岸邊，突然來個大浪又會將沙堡連根拔起、整個沖走。

然後，當你終於找到了不會被海浪沖擊的合適地點後，仍免不了突如其來的強勁浪頭。於是我們要接著發想各種對策：築一道防禦波浪入侵的城牆，或是挖幾條預防波浪直擊沙堡的水道等。但即使做到這樣，還是無法確保沙堡毫髮無傷，想要完成理想中的沙堡簡直是不可能的任務。

以上所述和交涉的原理幾乎相同。決定堆沙堡的地點，就像**決定談判破局的底線**。為了完成心目中的沙堡（自己的目的），我們必須仔細觀察周遭的狀況決定地點；為了防禦海浪（談判對象）的攻擊，我們得建造城牆、挖水道，這就像是**思考交涉策略**。此外，大家還得先做好心理準備，因為一旦坐上談判桌，事情就不可能百分之百地照你的想像發展。為了能在岌岌可危的情況下仍死守著自己目的，大家都得付出所有的力量認真交涉。

這又讓我想到，不光是交涉，人生不也像堆沙堡一樣嗎？大家在生活中都抱持著理想，希望過上這樣的生活、從事那樣的工作。但是，現實生活中總是會出現像沖擊沙堡的海浪那般與我們對立的人，要實現完全理想的人生是非常困難的事。

然而，若能帶著許多交涉的武器去對抗，也許就能守住那些絕不能讓步的底線並存活下來。即使花上一生的時間，慢慢地創造出自己的理想也無所謂。或許可以這樣說，**持續在艱苦奮鬥中努力，便是生存的意義**。

「別因畏懼而談判，但絕不畏懼談判。」我很喜歡美國第三十五任總統約翰・甘迺迪（John F. Kennedy）的這段話。不論工作也好，人生也罷，大家總會經歷幾次強風巨浪。當強勁的大浪來到眼前時，我們可能會感到害怕，但**絕不可畏懼迎戰；冷靜地看清楚狀況之後，更不可失去戰鬥的勇氣。**

衷心希望本書能成為讀者們在交涉時的最強武器，對我來說沒有比這更開心的事了。

在本書的最後，我想表達感激之意。

首先要向一直以來和我並肩作戰的客戶們，在此致上最深的感謝。大家都以誠實且真摯的態度在商場工作，我從中獲益不少，也一起經歷過嚴峻的交涉，我著實學到很多教訓。若少了過去這些和各位一起作戰的經驗，我無法完成這本書。

我最要感謝的是我在昆鷹律師事務所的老闆約翰．昆鷹（John Quinn）先生，他一直給我很多機會和建議，因為有他的支援，我才能出版這本書。此外，製作這本書時全力協助我的外川智惠小姐、手代麻紀子小姐、栃木實穗小姐等所有辦公室的夥伴們，我由衷地感謝各位。

還有專訪我長達十多個小時，並將這些內容彙整成這本書的編輯田中泰先生，與寫手前田浩彌先生。

以及，我最該感謝的，是我和日本這個國家的相遇。

日本決定了我的人生。此處悠久的傳統和美好的文化帶給我強大的使命感，要我為這個國家貢獻微薄之力。為了守護打從心底敬愛的日本，我今後會繼續磨練這些交涉的武器，並堅定地和大家一起在這個世界乘風破浪。

參考文獻與資料

《戰爭論》（克勞塞維茲著、清水多吉譯，中公文庫）
《海舟餘波》（江藤淳著，文春文庫）
《GLOBIS商學院所教的談判技術基本》（GLOBIS商學院著，鑽石社）
《約翰・藍儂》（瑞・可曼〔Ray Coleman〕著、岡山徹譯，音樂之友社）
《教父》（法蘭西斯・柯波拉〔Francis Ford Coppola〕，派拉蒙電影公司）
《新渡戶稻造　日本最初的國際聯盟職員》（玉城英彥著，彩流社）
（以上書名皆為暫譯）

國家圖書館出版品預行編目（CIP）資料

交涉的武器：20個專業級的談判原則——辣腕交涉高手從不外流，精準談判的最強奧義，首度大公開！／萊恩・格斯登（Ryan Goldstein）著；游心薇譯. -- 初版
--新北市：方舟文化出版：遠足文化發行，2020.08
224面；14.8×21公分. --（職場方舟：0ACA0015）
譯自：交渉の武器 交渉プロフェッショナルの20原則
ISBN 978-986-98819-8-2
1商業理財 2.職場工作術 3.談判

490.17　　109007782

職場方舟 0015

交涉的武器

20 個專業級的談判原則——辣腕交涉高手從不外流，精準談判的最強奧義，首度大公開！

作　　者　萊恩．格斯登（Ryan Goldstein）
譯　　者　游心薇
封面設計　職日設計
內頁設計　王信中
文字協力　吳欣穎
主　　編　李志煌
行銷經理　王思婕
總 編 輯　林淑雯

出 版 者　方舟文化／遠足文化事業股份有限公司
發　　行　遠足文化事業股份有限公司（讀書共和國出版集團）
231 新北市新店區民權路108-2號9樓
電話：（02）2218-1417　傳真：（02）8667-1851
劃撥帳號：19504465　戶名：遠足文化事業股份有限公司
客服專線：0800-221-029　E-MAIL：service@bookrep.com.tw
網　　站　www.bookrep.com.tw
印　　製　通南彩印股份有限公司　電話：（02）2221-3532
法律顧問　華洋法律事務所 蘇文生律師
定　　價　350元
初版一刷　2020年 8 月
初版三刷　2024年 8 月

方舟文化官方網站

方舟文化讀者回函